U0352780

一看就会的

客餐厅
设计布置

LOFT / 工业 / 古典 / 现代 / 乡村

凌速文化　编

Interior Design Ideas for
Living Room and Kitchen

云南出版集团

云南美术出版社

Contents

图片提供 / 晟角制作设计有限公司

家具配搭守则

资料来源：李宜蔓设计师 / 采访文字：张艾湘 / 插画设计：YueKai Jhang

客厅 Living Room
购买家具之前……

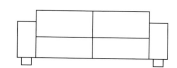

整合 2 种功能以上的沙发款式适合小面积使用

家具摆设方法正伴随着建筑设计的趋势持续改变。以"沙发"来说，关键数字 3、2、1 代表：客厅主墙是三人沙发的专属区，一侧两人座、一侧单人沙发座搭配边儿，最后在客厅的中心点一定有个茶几，这样的家具选配才完整。但现今，面对住宅空间的两极分化，可能只有豪宅大空间配置面积超过 33 平方米的客厅，才有办法适用以上的"沙发 321 配置法则"。

基本的三房两厅、两房以下格局只能取巧，其中又以整合贵妃椅（躺椅）机能的"L 形沙发"更为合适，因为它兼具脚凳与茶几的功能变化，比起传统沙发椅，使用起来更具弹性。另外，"单椅"比起二人座、三人座沙发更不占空间，无论客厅面积大小均可放心。谨记选购时的大原则：先确定想要的风格，再选择合适的种类。沙发的风格则可以依照电视墙（柜）的设计风格比照挑选，比较不易出错。

电视柜选购趋势：宽又广、柜深较浅

"电视柜"也会随着影视设备的发展改变柜形和体积。现在的液晶电视屏幕侧身设计越见轻薄，不一定非得将电视装在柜子的框架里面，使用悬吊挂架液晶电视，电视柜的面积就要选择宽广一些。而考虑到要放音响、DVD 播放器的话，仍需要有 50 厘米柜深的电视柜。

根据客厅来规划沙发位置

L 形摆法

如果打算购入风格一致的成套家具和组合家具的话，L 形摆法就很适用。

图片提供 / 梁锦标设计有限公司

∏ 形摆法

假如客厅内有一张茶几、L 形沙发和贵妃椅，可以将这些家具集中摆放变成一个方形区块，形成一个环状动线，这是最安全不出错的方式。

图片提供 / 赵玲室内设计有限公司

对角线摆法

适合方正格局的客厅空间，可以让畸零空间看起来自然一点，但是家具的形状最好能统一，否则可能会让动线不顺。

图片提供 / Lisa Corti

客厅家具的基本定位顺序

沙发

客厅空间 33 平方米以上：一字造型

客厅空间 33 平方米以下：L 形

茶几 & 单椅

电视柜

有影音设备：柜深 50 厘米

少量影音器材：柜深 40 厘米或以下

沙发

沙发决定客厅第一抢眼视觉

常见的沙发款式以三人座和两人座居多，为了顺应现代人的生活习惯和空间格局，"L形沙发"与带点弧线感的"一字沙发"较受大众欢迎。

过去消费者多半偏好可支撑头部的高椅背，因此沙发靠背设计高度在50厘米上下，然而近来设计倾向低椅背，整体底座高度也往下降，除了方便站立起身以外，还能让使用者坐卧时备感舒适。低椅背款式会走红，还有一个原因就是它可以创造视觉上的隐性舒适度，并且改善屋内天花板过低的压迫感。

要了解沙发使用的内部填充物是什么，是用哪一种等级的泡棉或丝绵，甚至是乳胶等，是否使用了一阵子，沙发坐垫就已开始凹陷。另外，现代人容易有过敏体质，过度使用化学材质的话会引发不必要的过敏原，这些也要考虑。

① L 形沙发

结合一字沙发的侧边，加上躺椅或贵妃椅两种款式的功能，侧边深度可容纳2到3人坐，相当于一人平均身高，以便临时躺卧休憩。有时访客较多，无多余客房使用，往往会利用L形沙发侧边当作临时的"睡床"。L形沙发可用来界定隔间，同时活络空间动线。

① 色彩　绝不出错的中性色调

客厅的主沙发通常不会偏向鲜艳色彩，避免视觉过于强烈，中性调或大地色调最常见，如果想要选饱和度较高的夸张色调，壁面最好搭配柔和色系，或是加上几个浅色抱枕平衡视觉冲突。

② 风格　风格与材质的互补关系

材质选择多倾向皮革与素面布料，由于L形沙发面积较大，鲜有人选用乡村花布制作。若以风格为中心考量，如日系无印，木作与缎布类的沙发是第一考量；LOFT或现代极简风，皮革的优势大于布质；至于北欧风，木作椅脚扶手搭配皮革或布面比较常见。椅脚选择木作或金属为佳。

③ 面积　33 平方米以下请舍弃 L 形沙发

从空间格局来看，如果是33平方米不到的客厅住家，又要茶几又要沙发，L形肯定占空间，这时候就该选择基本一字形（2人沙发）搭配其他机动性高的椅凳较恰当。

**椅背高度（角度）+ 椅面长度，
让腰背轻松的挑选关键**

高个子：选购高椅背（支撑部分：背、肩颈）、
椅面较长

矮个子：选购低椅背（支撑部分：腰椎、下背）、
椅面较短

长辈：选购椅面泡棉稍硬、椅面长短适中的款式

基本上，座椅的高度和小腿长度等高的话，
双脚才能自然地垂放在地面上。座椅太高会让双
脚悬空，太低就会让整个人坐下去时像是陷在沙
发里，反而会让下背部承受过大的压力。

如果选购了具有潮流感的低椅背沙发，建议
可以增加一些靠枕放在椅背最上方，叠高的靠枕
可以让头部仰靠时感到更加舒适。

椅背的角度最好能与椅面呈现 90°，这时
候背部的平均受力会分摊至屁股和双腿，坐久了
也不会感到疲累。如果椅背角度过于倾斜，快到
120° 的话，腰部会不舒服。

评估椅面角度，坐下时感到身心舒畅

椅面后端比前端略低 3 厘米就是最舒服的角
度，坐下时自然会将重心移到臀部，坐姿会往下
沉一点，让身体能够自然放松。若是在试坐的时
候，从侧面看起来，膝盖比屁股的位置还要高，
就代表这个沙发的椅架过低，腰部会承受过多压
力，坐久了就容易腰酸背痛。

②一字沙发

这是客厅里最常见的沙发摆设，因应
空间大小，可以选择 3~4 人以上的款式，
如果是客厅面积只有 33 平方米的单身贵
族，选购双人沙发就够用了。若不是搭配
L 形，必以其为主要配置中心再找寻其他
的搭配家具使用。

沙发材质主要以家居风格的类型来选
择，但也需要顾及居住者的生活习惯。例
如：担心尘螨或家里有饲养宠物，就要尽
量避免布质沙发。即便是皮质沙发，也倾
向以人造皮或是猫抓皮等材质替代，避免
宠物利爪抓伤材质表面。

宽低扶手　　贴近人体力学的角度最舒服

沙发扶手走宽又低设计（参考图 1），
可让双臂自然放下延展，不会弓起导致颈
肩僵硬。

图 1

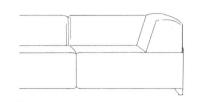

2 **高扶手** **利用靠枕神救援**

扶手设计走高又与沙发椅背切齐的设计（参考图2），倚靠扶手休息时反而会感到不舒服，改善的方法是把扶手两侧加放靠枕，做出弧线放宽，方便手肘靠放。

图2

3 **收纳机能** **省一笔购买扶手柜的预算**

现代沙发除了低扶手的人体工学之外，还会加入边几机能，可充当临时的杂志架或摆放茶饮，十分便利。（参考图3）

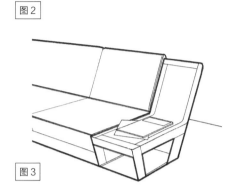

图3

③弧线（造型）沙发

相对于一字形的有机线条设计，也可说是L形沙发的变化体。整合了前面介绍的传统321沙发座位优点，但也因为它的综合需求，会占去更多的室内空间；一般100~130平方米的住家鲜有使用，但是双拼规格的豪宅可利用它来展现大气风范。

图4：造型沙发可聚焦客厅的视觉重心

1 **气场展现** **公开场合最佳聚焦点**

设置弧线形沙发可再添加其他椅具搭配，有如玩接龙一样，通常这类沙发比较适合企业会客室与公开社交场合需要多人座位时摆放。（参考图4）

2 **多样性** **任何材质都有可能性**

椅背和扶手也可以透过曲线、材质变化层次，例如坐垫采用皮革或绷布处理，沙发椅身展现工业风格的金属结构。（参考图5）

图5：利用扶手的曲线以及材质变化来表达家居个性

③ 主客互搭守则
一浅一深的比例配搭

　　造型抢眼的沙发，忌讳搭配的家具组一起花哨或是极端对立。人的视线随着空间动线，有它的主次顺序，如果过于繁复，会让人不知道空间重心在哪儿。如果沙发本身的造型较圆润柔和的话，可以将室内色调用个性比较强烈的色系搭配，如果是造型感较强烈的沙发，可以让室内色调温和一点，例如米肤色系和中性色系等浅色更为合适。(参考图6)

图6：造型沙发因为本身风格抢眼，与其搭配的室内颜色应该选择相近的色系才会相得益彰

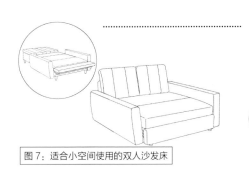

图7：适合小空间使用的双人沙发床

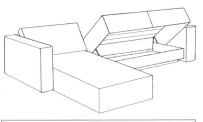

图8：兼具收纳功能，挑选时注意底盘为木制或是金属，通常金属会比较耐用

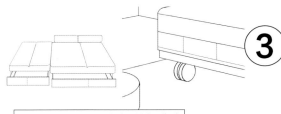

图9：可以选择轮子较大的，较容易搬动

④沙发床

　　是沙发也是床，最受小空间欢迎，可以把客厅或起居室瞬间变身成另一个客房。在小资世界里的蜗居空间，沙发床可以用来吃饭时坐着看电视，累瘫了还可以直接推拉当床用，一举多得。

 宽度　身高决定适用与否

　　一般量产型的沙发床伸展宽度有限，通常在150~170厘米，如果身高超过以上高度，或是习惯睡双人床和king size的人，就不适合使用沙发床。(参考图7)

 收纳机能　走道空间不够则不适用拉抽式

　　除了市面上常见的一字形沙发床组之外，深受家庭喜爱的L形沙发同样开发了拼组床垫的功能。通常分为椅垫上掀式或是拉抽式收纳两种。(参考图8)

③ 泡棉　选择密度高的泡棉

　　折叠式设计的争议问题多半会出现在泡棉垫的弹性上，如果又要坐又要当床垫用，容易使泡棉垫耗损失去弹性，淘汰率较高。(参考图9)

泡棉与弹簧决定沙发的弹性

弹簧种类

S 型：回弹力 ★★★★★

使用金属扣和联结棒将弹簧接在一起，为市面上常见的弹簧种类。也有 S 形弹簧搭配皮带的方法。

皮带：回弹力 ★★★

使用钉针固定的弹力布织带，易随着使用时间增加而使皮带失去弹性，若是使用橡胶皮带，寿命会更久。

独立筒：回弹力 ★★

筒与筒之间的密度，决定椅面的支撑度。

选择有支撑力的椅面

泡棉越软，代表密度越低，使用越久相对越容易塌陷变形；不管怎么坐都是弯腰驼背的状态，坐下去也很容易直接坐到弹簧骨架。唯有"亲自试坐"才能找到最适合自己的沙发。

增添空间跃动感的机动选择

　　在客厅椅具的类别方面，除了沙发，"单椅"要当第二，没人敢抢第一。单椅的类型变化比沙发更大，从基本的一人扶手沙发，到高背、塑料或金属激光雕刻和木作，现代风或是乡村古典，各有特色。

　　单椅也成了空间布置的最佳利器，主要是因为搭配弹性强、体积适中、方便移动。多半设计师会建议利用扶手单椅替换掉传统的单人沙发，摆放斜面或侧边，更可以和主沙发一起搭配不同的款式类别，为客厅增加视觉层次。

沙发 vs 单椅的材质搭配

　　通常大型沙发已占去客厅约一半的面积，因此旁边搭配的家具最好能以沙发的色系和风格做延伸搭配，不同类别的家具选择相同材质，或是材质不同但使用色系互补。

图10：同材质布料沙发和单椅，搭配相近色域的蓝和果绿色

图11：不同材质的沙发和单椅，搭配相近色域的灰和蓝

①单人扶手 vs 单椅设计

单人扶手椅的尺寸比照一人沙发座打造，可当成小型沙发看待。如果想和访客保持一点个人距离，单人座就可以增加空间配置的弹性，因此很受现代人欢迎。

1 **机动性十足** **一字沙发绝佳搭配要诀**

填补零散空间和空隙的好选择，比如可在 2 张单人扶手中间置放茶几，再与主墙沙发配对成 3+1+1 或是 2+1+1 形式，为客厅搭配创造变化最大值，又不会使人产生压迫感。

2 **一人独享** **没有摆放的空间限制**

小面积客厅（约 33 平方米以下）为有效利用空间，最常使用单人扶手椅取代体积较大的沙发，有时设计师会建议选购可放书房或餐厅的单椅来搭配使用。

3 **名椅最多** **搭出玩心的重点角色**

部分单椅设计像是蛋椅，或像 Eames 夫妇设计的经典休闲椅款 Lounge Chair & Ottoman 与云朵椅等，因为线条柔和，加上予人一种慵懒放松的感觉，常会放置在角落靠窗，或在基本 ∏ 字形沙发茶几搭配组合里对角摆放，宛如空间的视觉破口，平衡过于规律的配置手法。

②造型躺椅

有人会把慵懒的躺椅和贵妃椅放在同一类别讨论，因为这类家具强调舒适慵懒，所以不太会让你正襟危坐，就是要舒服地躺下去，仿佛深陷在软绵绵的棉花堆里，释放压力。躺椅常用作客厅里靠窗或是在廊道和角落间的过渡家具使用。但对于独身，或是两人小空间，也有晋升成主力家具的时候。

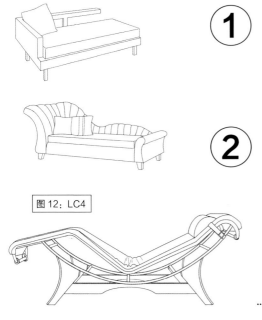

① 功能　躺椅靠窗，永远的最佳位置

主要是椅身的曲线结构，是限定一人的独享区，材质部分有藤编、绒布或皮革等多种变化。贵妃椅的功能已渐渐被 L 形沙发所取代，但仍有一些喜欢窝在角落看书发呆的人，会考虑额外添购。

② 慵懒舒适的气氛　空间破局的角色

经典躺椅设计，比如 Le Corbusier(柯比意) 设计的 LC4，贴近人体曲线的椅身，是窗台起居室最常出现的家具，特别是在一些极简风格的客厅。而它的运用手法其实和单人扶手椅很像，与沙发茶几做斜对角摆放，缓和空间过于僵硬的棱角。(参考图 12)

图 12: LC4

---

③懒人椅 vs 矮凳

客厅家具该求多还是刚刚好？尤其是沙发椅具，有时很让屋主头疼。担心有时亲朋好友来做客，却没有地方坐，资深长辈一定表示沙发要买好买满，但现代住宅空间可不容浪费，所以矮凳懒人椅（俗称懒骨头），在应急的时候便可以从其他空间挪用，机动性十足却又不会太占用客厅空间。

① 玄关好伙伴　38 厘米高度最好

椅凳类现代设计造型趋于多元，有一般矮凳设计，亦有加入塑料和木作的曲线创意，另外还会增加小型收纳机能，掀开坐垫就可以置放小型物件。部分住家空间将椅凳放在大门口玄关，充当穿鞋椅使用。(参考图 13)

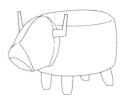

图 13

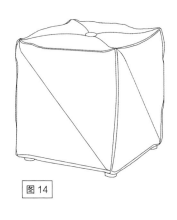

图 14

② **不是买越多越好　折叠椅凳省空间**

　　椅凳尽管容积已经够小，但依旧会占空间，如果一口气买个四五张却无法堆叠的话，仍会影响到整体收纳，故购买前请审慎思考，可以叠高收藏还是有其他地方可收纳。

③ **选择简单多变的款式　方形支撑力较佳**

　　懒人椅的优点在于好塑形、可堆叠，既没有传统椅具的脚柱支撑，相对的也节省了置放空间。伸缩性佳的表面材质才可以让懒人椅常保柔软弹性，例如尼龙、弹性纤维。（参考图14）

茶几｜边桌

客厅家具的最称职配角

　　如果预算只能买一个，茶几与边桌哪个更重要？现今的住家空间已经不走家具固定的定位路线，弹性调整才符合现代人生活习惯，如果茶几体积过大，走动时会碍手碍脚。年轻人倾向选择购买高矮组合或大小不同的茶几来摆放，增加使用弹性。甚至有人主张用灵活度更高的边桌取代，让主沙发前方腾出更多空间。

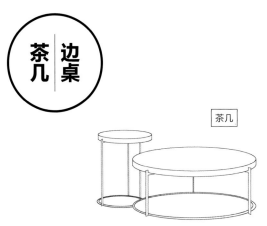

茶几

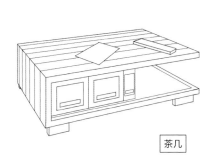

茶几

边桌

①子母茶几

该怎么选茶几？设计师或家具厂商会建议跟沙发一起考虑，让材质跟着风格走。好比清水模、玻璃或大理石台面，适合出现在极简摩登住宅，实木台面配金属烤漆桌脚，则是时下流行的工业风。

1 造型 多角几何造型需考虑家中成员的生活习惯

茶几可大概分为矩形和圆形，通常圆形茶几会与弧线造型沙发配成对。家中如果有小孩或老人，建议选择线条比较圆滑的款式。

2 不占位 小小一个全塞在一起收纳

为了让空间能够充分利用，子母茶几行情高涨，当桌面不够用时，只要拖拉出底下的小桌即可，不需要使用时，再移回母茶几底下，不会多占用空间。(参考图 15)

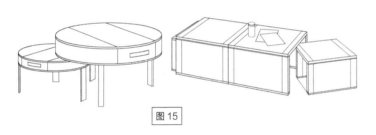

采购小贴士★

面积与家具选择的连带关系

一般来说，小面积客厅空间，以选择造型柔和或是轻盈的茶几最好，会让小空间看起来比较利落。若是家中的空间较大，就可以考虑搭配质地稳重(参考图 16)，颜色深的边几。

图 15

图 16

②多功能折叠茶几

图 17

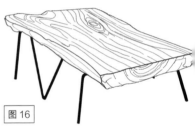

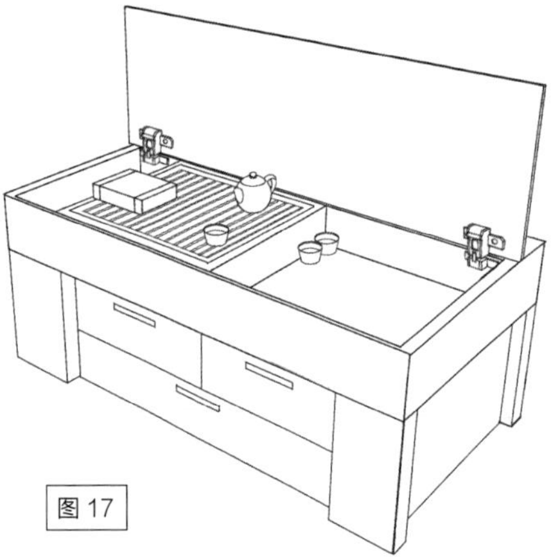

为了强调多功能表现，茶几设计不再只是追求台面配桌脚，厂商想尽办法增加它的收纳机能和其他使用方法。一来现代人求快速方便，二来是以最大限度利用空间，发挥 1+1 大于 2 的效果，所以茶几有收纳功能，甚至还可以延展或让矮几变高。

1 收纳 注意是否有沥水盘

功能性折叠茶几，多为方形构造，将收纳放在桌下各角落，取代制式僵硬的四边桌脚设计，另外有些会取巧在台面中央凿空，以放置茶具组。(参考图 17)

选择高度 以旁边的沙发为高度的选择依据

尽管现代人倾向使用矮茶几，但有时为了方便想在沙发区处理公事，或是想在电视机前边吃饭边看剧，就可以选择内嵌升降五金的茶几，通常有单一方向与双向开拉等模式，直接把台面拉升就能当电脑桌使用。矮几高度一般在 25~30 厘米之间，正常款式的高度为40~50 厘米，选购前先量一下客厅沙发的高度为依据。(参考图 18)

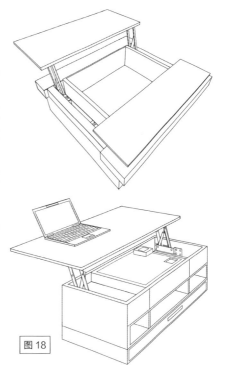

③边桌

边桌摆设的位置和定义明确，大多运用在玄关角落以及沙发两侧。一些客厅不到 33 平方米的小面积住家，也会把它充当茶几使用。有趣的是，面积较大的房屋，偶尔也会用 2~3 张不同款式或是同材质不同尺寸的边桌取代传统茶几，类似子母桌概念。通常咖啡桌茶几会放在主沙发正中央，若不是在主沙发区，伸长了手拿取物件反倒麻烦。因此这种便利性大的边桌，反而能派上用场。

到底该买边桌还是茶几？先问问自己的需求，然后审视自己的住家空间够不够摆放，以走路动线顺畅为主。

图 18

多用途 不只是边桌

边桌也有子母桌设计，基本上有大中小组合，方便摆设在沙发两侧扶手边，但边桌的高度除了等同标准茶几高度的 45 厘米外，也有高于 50 甚至 80 厘米，可以当迷你工作桌使用。(参考图 19)

图 19

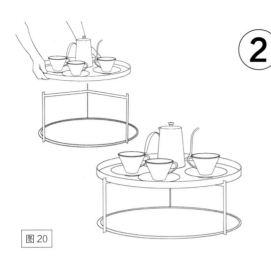

② 复合式设计　机动性十足

　　近来盛行托盘式边桌，将桌面和椅脚解构，台面就是行动托盘，可随意拿取盛放需要的物品，这也是懒人设计的一种。(参考图20)

图20

柜

机能空间界定的最佳防线

　　如果家中装修交由室内设计师打点，多数人会选择整个壁面以系统家具来打造充足的橱柜空间，满足家居的收纳需求；另一部分的人喜爱简单装修，再通过选购家具替空间品味加分。

　　因为客厅面积不小，橱柜的需求并不像卧室、书房等空间拥有明显的机能性，除了电视柜、展示柜和鞋柜以外，鲜有会再增加多余的橱柜设置空间，这些柜具大多沿着

墙面和空间的界线定位，增添立面量体的稳重感。种种因素之下，选择与限制条件也跟着增加，直至今日，还没有太多人会想用柜子把家中的公共空间给占满以牺牲掉休憩区域。

①电视柜

　　过去的电视周边器材包罗万象，需要收纳喇叭、各式播放器与遥控设备。现今的电视设备技术大发展，联网平板电视成为主流，内嵌 USB 联结网络云端，不需 DVD 播放器就可随意选播影片观看。电视几乎都走壁挂模式，不像传统电视还需考量到电视柜的柜深够不够放。

　　显然，电视柜的收纳功能也在转变，连带影响了设计师在构图时，多以简约干净的台面取代，或是减少抽屉柜设计，同时将柜体变矮，降低柜高。

① 高度　以坐下时同样的水平视野最舒适

　　一般来说没有施作电视墙，纯用电视柜家具搭配改造格局氛围，得留意柜体高度、电视机和沙发三者之间的关系。沙发座高平均在 45 厘米左右，按照人体水平视线舒适视野高度，建议壁挂电视需离地面 100 厘米，相对距离则控制在电视屏幕高度的 3 倍，这也决定着上述三者家具家电的摆放位置。

② 常见的电视柜　45~50 厘米高为最常见的电视柜

　　市面贩售的电视柜高度在 45~50 厘米上下，换言之，电视柜的高度原则上会比沙发座高些，这是为了对应坐卧时，观赏电视的舒适度所推算出的"人性"数据，但部分沙发流行低矮座设计，使得电视柜也有高度低于 40 厘米的产品。

③ 高电视柜　70 厘米高电视柜适合放在卧室使用

　　虽然电视柜高度有基本范围，但还是有超过 70 厘米高，方便置放非壁挂电视机的款式。现代人喜欢睡前躺在床上看电视，也会考虑购买较高的电视柜。

图 21：还有一种可 360 度旋转的电视吊挂杆，适合在开放空间使用

柜深怎么选？ **有影音设备买柜深 50 厘米、少量器材买 40 厘米或以下**

早期电视柜偏"矩形高筒身柜体"，左右搭配展示柜、层架摆设，由于生活习惯和家电设计的改变，现今的趋势变成"低矮座狭长柜体"。

柜深该怎么选？建议评估自身设备需求，像是需要摆放音箱或其他影音设备的话，柜深 50 厘米是必需的；没有大型器具摆放，只有网络数据机等等，那么市面上量产的 40 厘米柜深的电视柜已够用，甚至降至 40 厘米以下的款式也行。

②收纳展示边柜

客厅通常会留一面墙放置柜具兼做壁面修饰，有时为了区隔空间机能，像是玄关走廊和邻近的开放式餐厅等(参考图 22)，也需要一面柜体来担当界定空间的角色。

图 22

位置 **在沙发背后放展示柜的两种选择**

一、上层做透明展示橱窗，下层纯粹收纳柜设计。

二、做高边柜，上半部墙面改以墙饰如挂画、壁挂层架装点。

由于展示边柜通常放在沙发后侧，至少需保留一人可侧身通过的走道空间，这也会相对压缩到沙发茶几与电视柜间的动距。除此，也要注意橱柜门开合所需的空间。

三门式高边柜 **摆放在沙发侧边、楼梯下方**

高边柜若是属于"三门"设计，须留意门板宽度，如果放沙发后侧会占到更多空间，建议改放在侧边，利用楼梯下方的畸形地，或是邻近餐厅区域当作间隔。

客厅、餐厨区都可以用 **划分界线 + 收纳机能**

受限于面积与格局规划的住家，可能一开大门便是紧邻客厅，不像正规格局会经过穿堂、玄关等过渡空间才进入公共区域，为了划定界线，也可考虑展示型边柜。这一类柜具注重穿透性，融合"开放展示"与"有门片的收纳"机能，因此也会在一些开放式餐厨区出现。

4 高度怎么选？ **120~180 厘米之间的高度适用于各类空间**

　　展示柜高度从 120~180 厘米，甚至 200 厘米以上都有，切记住宅空间的天花板高度是选购的大前提，新式住宅公寓天花楼板并不高，标准只有 280 厘米，若再装修天花板，势必又降低了高度，因此橱柜高度若是太顶天立地，加上选了暗色系，压迫感难免升级。

---

③鞋柜

　　家里人口众多或者有收藏癖的屋主，鞋柜空间成了一大学问，通常很可能会再添加衣帽储物机能，独立成一区。相对小面积住宅或是对此需求量不大的人，就会选择将鞋柜与电视墙面收纳规划在一起。

1 室内鞋柜 **120~150 厘米高最恰好**

　　市场上鞋柜尺寸从 80~150 厘米都有，甚至高到 180 厘米，款式琳琅满目。鞋柜往往利用走廊侧墙摆设，如果是狭隘空间，天花板高度在 240 厘米左右，则不建议柜体太高让压迫感变大。可以利用可堆叠拼组悬挂壁面的收纳柜当鞋柜使用。

2 中等高度鞋柜 **变成家居展示台**

　　等同一人标准身高的鞋柜，好处是可以利用柜具的顶部空间做摆设展示，像花瓶、相框、钥匙零钱筒等，增加层次感。(参考图 23)

3 玄关鞋柜 **门片鞋柜须注意通风口设计**

　　开放式设计的收纳鞋凳虽然属于低矮座(参考图 24)，容纳的鞋子数量也不多，却不用再增设穿鞋凳，长辈和小孩可以直接坐在鞋架上穿脱鞋。这一类的收纳鞋凳比较适合摆放平常在穿的鞋，建议可额外添购有门片设计的款式，满足更多其他收纳需求。

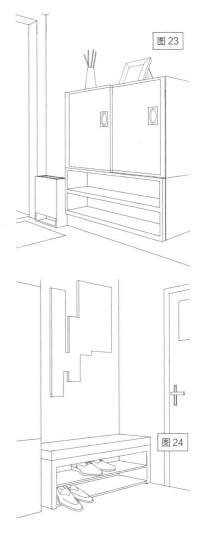

图 23

图 24

餐厨 Kitchen&Dining Room
购买家具之前……

凝聚客餐区力量的中岛吧台

早期因为中式菜肴烹煮时产生的油烟问题，多数会将厨房的烹煮区设计一道隔间墙（其实透过半透明玻璃拉门，也能解决这方面的困扰）。

随着屋主的年龄层下降，餐厅、厨房的空间界限愈来愈模糊，餐厨区被看作另一个家居联谊空间，开放式设计让屋主和访客可以一起享受做菜的乐趣。后期渐渐地受到西方文化熏陶，"中岛吧台"成了餐厨设计的唯二重要元素，若在空间范围可行的情况下，依然是屋主们内心非常渴望拥有的设计。

餐厨区的家具搭配有了另一种新的诠释。例如：中岛吧台镶嵌定制台面，打造餐桌与中岛相连的用餐区，最常见的莫过于一字形设计（参考图25），屋主只要考虑餐椅款式即可；得留意前后需保持可一人转身而过的空间当作走道。还有另一种 L 形设计，在较短的 L 处形成直角可和餐桌并拢成 T 字状，或是定制其他形状的台面来进行镶嵌。（参考图26、27）

图25

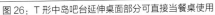
图 26：T 形中岛吧台延伸桌面部分可直接当餐桌使用

图 27：L 形中岛吧台设计结合餐桌合并的餐厨区域

餐桌和餐椅构成餐厅家具主力

与其仅使用餐椅功能，设计师通常会建议屋主选择可活用于其他空间的单椅。例如：书房或卧室，甚至走不成套路线，大玩混搭。

别忘记灯光，是催化气氛的绝佳武器。一盏合适的造型灯具，会比纯做间接照明嵌灯还要能促进用餐气氛，这也是设计师喜欢在餐桌上方架设吊灯当主灯的原因。

至于餐柜，多半处于料理台及中岛吧台的周边和下方的可用空间，再以系统柜规划满足电器收纳功能。餐厅区也多以系统家具来架构整面墙，购买餐柜的概率明显少了一点。因此餐厨家具的选购排行榜，仍是由餐桌和餐椅互争第一名头衔。

餐桌

餐桌摆放位置依据"格局"和"生活习惯"

一般来说，开放性空间格局里，家具位置对应其在该机能空间扮演的角色。换句话说，餐桌在哪儿餐厅的位置就在哪儿，是有连带关系的；或是一如中继站的功能，介于客厅和厨房吧台之间。

从厨房的中岛吧台来看，餐桌（在餐厅区块）会坐落于中岛的两侧，可并靠再容纳一个人身走动的通道空间（约60~80厘米），除此之外还能利用中岛前方的有效空间。

有的设计师为了充分利用狭长形的餐厅空间，会刻意把餐桌和中岛连成一气放成"垂直状"。（参考图28）

另一派设计师主张把餐厅作为交谊厅，刻意延展中岛区与餐桌形成"一字形"，强调凝聚家族成员的用餐时光。（参考图29）

长方形餐桌实用 NO.1

以上做法仍然紧扣着使用的餐桌类型。最基本且常用的款式为120厘米（宽度）×70厘米（深度）的四人桌，适合小家庭使用，只要在两侧象征主位的地方摆设餐椅，又可以容纳5~6人使用（一般家庭人口数）。

至于餐桌桌面要长方形还是圆弧形，以大众的接受度和市面上的贩售种类项，包含设计师推荐在内，过半投票给"长方形餐桌"，无论材质是什么。圆桌其实最占空间，影响前后左右的进出动线，唯有矩形线条的空间限制较低。对于偶尔有宴客招待需求的家庭来说，住家空间有限的情况下，一种可延展的桌面设计，简直是独具匠心。

①长方形餐桌

室内设计师帮屋主挑选家具时，多半以120厘米为主，可容纳4~6人的餐桌范围为基本配备（参考图30）。自己挑选时，请先确定自己的风格喜好，材质方面以生活使用习惯来选择，加上便于清洁保养即可。

图28　　　　　图29　　　　　图30

①

(1) 材质 木材须注意水痕与污渍

木材的天然纹理予人温润的感觉，未经保护漆处理或是只上薄薄一层漆的木作台面用久了容易留下污渍与染色。若是有人喜爱使用过的痕迹触感则另当别论。

(2) 安全 边角避免擦撞

长方形餐桌的桌角呈垂直状，高度在 73~79 厘米，尖端容易导致孩童碰撞受伤，建议安装防护设施或是选择边角有琢磨圆滑的款式。

(3) 桌脚 先确认镶嵌方式牢固与否

桌脚造型各有千秋，金属类稳固牢靠。木质桌脚若非走卡榫式构造，其栓锁的螺丝往往是锁到为止，不会过度上锁，主要是避免木材受到过大压力导致内部裂开影响使用寿命，所以大概每使用半年或一年左右，需重新上紧螺丝使其牢固。购买时可先确认其镶嵌台面的方式，让后续的保养维护更顺心。

②圆弧形餐桌

中式住家观点，圆桌象征团圆幸福，想多塞几张椅子就绕着同心圆追加，彼此的位置分量都一样。不像长方形餐桌总有边角畸零地带，想多摆张椅子多少会干扰使用动线。

空间 独立宽敞的区域适用圆餐桌

圆餐桌看似延展面积不大，尺寸或许等同长方形餐桌，却会对所处的空间造成影响，因为是以圆心向外辐射线放大，增加了设计上的畸零空间。多半是有独立宽敞的餐厅区域才会使用圆餐桌设计。也还是有人利用极微小区域摆设圆餐桌，至多 2 人使用，桌面也不会太大，功用等同小型咖啡桌，但这是最不建议的配置手段。

③多功能延伸型餐桌

把小桌变大桌的加长型餐桌，是为了拥有空间弹性而诞生的家具设计，可左右延展桌面的大半为木作材质，无论圆形或矩形，请留意餐厅空间是否有多余空间可利用。另外也为了一些"特殊"需求，在餐桌加点小机关，满足现代住家多功能需求。

多样性
各种兼用功能

现代人有时会把餐桌当成工作桌使用，毕竟两种桌类高度差不多，尤其没有独立书房时，在一些住家兼工作室的规划里，延展型餐桌就变成了最佳会议桌。壁挂式折叠桌会是小面积节省空间的好选择，需要时摊开，用毕则靠拢壁面收纳。

收整电器电线好帮手

餐桌台面暗藏玄机，部分设计在中央位置挖空当成餐具盒使用，加装多孔电器插座，便于使用一些厨房小家电，像是电磁炉、烧烤电器用品等，不过这类插座得留心电压，免得电压不足，同时使用太多电器，会导致跳闸。

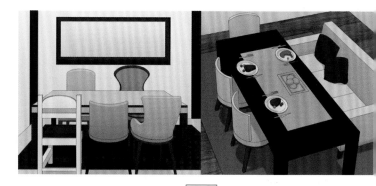

图 31

不成套混搭才是高招

　　餐椅的选择基本上都是跟着餐桌风格走，怕麻烦的话直接挑一组成套餐桌椅回家，基于现今家居布置流行"不成套"的混搭风格，也有人改挑连坐沙发形态的家具来摆设，甚至用各种看似对立的 STYLE 餐椅大玩创意。（参考图31）

　　色调上，绝对要与大型家具（餐桌）和周边的空间配置有一定的呼应感。通常是在同色系下去做延伸；材质或是造型线条的处理上，例如椅脚呼应桌脚，椅垫呼应台面或桌脚，绝对不会有像是利落金属桌脚搭配玻璃桌面，再出现个巴厘岛藤编元素的例子。

餐椅

　　此外，由于餐桌高度大约 75 厘米，与工作桌齐高，设计师会建议购买餐椅时，优先考虑能在其他空间使用的款式，让家具活用度更高。不管怎么选都要试坐确认，餐椅的腰背倚靠舒适程度，还有坐垫会不会太硬、坐上去后椅脚结构会不会松动等等。吧台椅的风格挑选守则亦同，别忽略它画龙点睛的效果，跟着餐椅风格一起搭就对了！

吧台椅面与桌子高度的重要关系

吧台椅的高度要在桌子的二分之一再多一点

　　市面上多数的中岛高脚桌高度大概在 80~110 厘米，椅面与吧台之间的落差高度在 25~35 厘米的话，坐时会感到比较舒服。假设吧台桌高度为 90 厘米，对应人的身高 160 厘米左右，那么吧台椅的高度在 55~65 厘米会比较理想。

肤感舒适、耐脏为椅面挑选的两大基准

亚麻布	抗摩擦，材质透气舒爽，保证布面接触皮肤的舒适度。
皮革	柔软度适中、透气，擦拭脏污时好处理，真皮的话需以专用油经常擦拭保养。
木头	木制椅面使用越久表面光泽度越高，而且经久耐用，以拧干的湿抹布轻擦即可简单清洁。
塑胶	价格平实好入手，防水，重量轻，但坐久了可能会因为皮肤散热让椅面产生水气而影响美观。
金属	坚固耐用不易变形，工业风设计环境里比较常见。接触皮肤面较冰冷且硬，通常会搭配椅垫来改善。

①扶手单椅

挑餐椅多半会较中意没有扶手的设计，因为椅具两侧多了扶手，代表占用空间变多，相对表示能摆放的数量减少，原本一侧可容纳 3 人座位，如果选扶手椅，会减少 1 人位置也说不定。

但这也不代表餐椅都不能选用扶手椅，扶手椅在移动时可借着拉提扶手搬动，相较之下，没有扶手结构的餐椅要移动得抓着椅背，遇到椅背厚实的款式，或是手掌过小的，会觉得不好拉动。

① 扶手　低扶手可方便双手自然垂落

摆设时须保留椅子间的空隙，以免拖拉时角度出了问题，撞击到旁边的椅子。

② 摆放的位置　转身空隙较窄的空间避免摆放有扶手款式

建议较长的餐桌两侧放一般无扶手餐椅，把有扶手的换到其他位置，可解决摆放受限问题。

③ 清洁保养　考虑使用者的生活习惯

布制餐椅虽然坐起来舒服，但是如果家中有幼儿，可能容易打翻杯盘食物，无法拆卸的椅面就不易清洁了。

---

②风格餐厅吧台椅

一如乡村风最常见的"温莎椅"，呼应朴实手工质感；巴洛克的圆背椅，椅脚和椅背的线条，会有猫脚设计等古典元素；工业风怀旧铁椅，则会出现金属线条，还有手工斑驳装饰。而混搭的风格不能乱来，否则就没有主次顺序，包含吧台椅在内，请以风格和活动舒适为优先考量。

① 放几张才好？不是放得刚刚好就可以

家居吧台区面积不比夜店酒吧，以 150 厘米长的吧台为例，可以容纳得下 3 张吧台椅，不过为了坐的人双肘展开时不挤，建议放 2 张就可以了，坐着时感觉会比较宽松也比较舒适。

② 吧台椅高度
100 厘米以上吧台搭配高脚吧椅，
85 厘米中岛吧台选用椅凳代替

100 厘米以上称为高脚吧台椅，气压式吧台椅可调整椅脚的高度，配置中岛吧台的椅子高度基本上会切齐料理台面或高到 85 厘米，有些住家会给中岛吧台搭配吧台椅，鉴于高脚吧台椅费用不低，可以椅凳类代替。

餐椅或吧椅要玩混搭可朝两方向进行：a. 同色系搭配不同材质、b. 同一形式搭配不同颜色。避免用 pantone 色卡上的原色系列比较方便搭配各式风格。除此之外，透明塑料不仅在视觉上营造穿透感，更可以适应多种风格。当然如果屋主选了正统美式古典主义，钟情精雕细琢的木质或绷布铆钉处理，若是搭配塑料幽灵椅就过于现代化 (参考图 32)，会显得突兀。

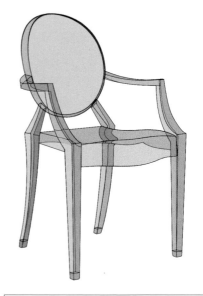

图 32：知名设计师 Phillip Starck 打造的幽灵椅

③长 (板) 凳

餐椅混搭创意中，不乏选择凳类椅具。椅凳具备好搬动，可随时增减的特性，有的还能堆叠收纳节省空间，但这里要介绍的不是单椅凳，是可供多人坐的"长板凳"，适合搭配长方形餐桌，应付多人使用的餐厅需求。

 使用空间　仅能和长桌搭配

长凳虽然为多人使用而设计，其缺点也很明显，宽度固定面积又大，只能摆放在长餐桌一侧，无法任意摆设。尤其当餐厅空间动线不足时，长凳就会显得"碍手碍脚"，以及它根本无法和圆餐桌完美配对。

 特殊款式　边角空间可摆放 L 形餐椅

长凳材质多样，尤以木作类比较大众，在乡村风家饰设计中较常见，市场也因应需求，推出 L 形餐椅具，像是沙发般座位相连。不过当餐椅尺寸变大，移动不便，空间低活用度也会变低，得看个人需求做出取舍。

餐具柜｜边柜

区隔机能空间的妙招

餐边柜的用途和客厅柜具有的功能有大部分是重叠的，在系统家具盛行的情况下，餐边柜收纳色彩已经逐渐降低，主要扮演着两种功能：a. 界定机能空间、b. 装饰平衡视觉。

好比客厅和餐厅是平行规划，靠餐厅的沙发后侧会选一张边柜当作界线，大多选放在沙发后侧，高度大致与沙发等高。若是想要有墙面感，又想做出区隔，那么"架高橱柜"就贴近需求，和紧连的壁面恰好形成一个Ⴖ或Ⴑ字形。

然而架高型橱柜，建议购买约一个基本房门宽，至多1.5倍大的款式，色调切勿过重以免产生多余的压迫感。

①餐边柜

虽然"轻隔间"使用的餐边柜让它的收纳功能没这么重，不过该有的储物功能依然存在，整个柜体设计甚至还有修饰效果。"多格抽屉设计"可以收纳简易的餐具餐巾等物件，"门片板开合"款式则方便收纳大型物品，"一般型餐柜"则是融合前述两种功能（参考图33)，但是建议收藏偏好者，选用门片板开合设计方便拿取物品。

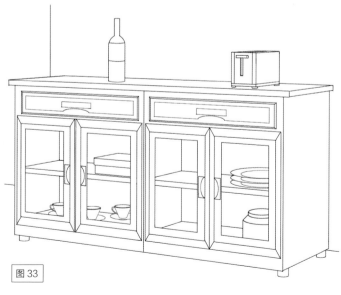

图33

① 高度　与厨房料理台面齐高的基本守则

在古典家具里，某些边柜脚极为修长，这多是用在玄关廊道当作修饰（参考图34）；但是配置餐厅边柜时，柜脚不会高于墙角的踢脚板两倍高度。此外，就柜身高度来说，设计上至少齐高厨房料理台面，料理台高在 70~75 厘米之间，边柜等高时视线比较具有一致性，而半身柜通常为横长型，因此放在沙发背侧也不会显得太突兀。

② 特殊款式　高餐边柜可视为墙面美化的一部分

至于高于料理台的餐边柜，像是 110~130 厘米的款式也是有的，但比较适合靠墙摆放，把两三座高餐边柜集中一整排，视觉效果可媲美一整面墙的系统家具。

③ 展示型餐边柜　店面摆设较常见

开放式层架组也能充当餐边柜，亦有橱柜设计是拿掉抽屉门片，放什么一目了然，又好拿取，但这类裸格处理，容易沾染灰尘，如是想放置餐盘类，最好上面用有漂亮图样的餐巾布覆盖，或是保持擦拭清洁习惯，避免沾染灰尘。

图 34

②展示兼电器橱柜

以方便性而言，系统厨具会将冰箱和电饭锅、微波炉等家电规划成用电器柜收纳，和料理台区连成一气，设计元素较统一，相对而言，固定占用的面积后，屋主就无法保留空间弹性，因此单用橱柜家具的话，就能避免这问题。

 餐具柜机能　厨房的空间大小决定餐具柜的设计标准

市场上的橱柜家具现在也开始做系统化处理。上柜收纳，中间开放置物层架可充当电器柜使用，下柜还有储物功能。不过要能摆放电器用品，必须留意插座的电压是否足够，以及散热的问题，柜格深度一定要比电器还大。

规格　建议挑选耐热防刮的美耐板素材

橱柜深度以 42 厘米为基准，放置的电器体积就不能过大，最好还要预留散热空间，否则家电容易受损，寿命会变短。

My home deco

装潢设计实例

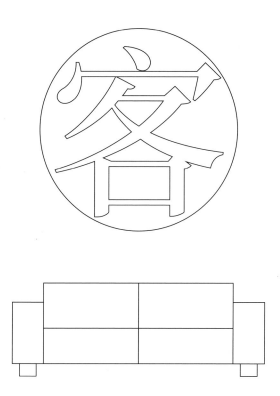

Interior Design

Ideas for

Living Room

意大利进口的釉面花砖选用与窗帘同花色呼应视觉

米黄棕色系统一的视觉印象，强化乡村风予人的舒适感受

主要建材：实木手染、意大利砖、西班牙复古砖

　　窗外就是一大片公园绿地，设计师透过借景手法，将貌似纽约中央公园的意象搬到屋主的家居空间中，搭配意大利进口的复古地砖、主墙花砖，以及定制家具，再点缀以软性的家饰、画作与天花板平行枕木及吊灯，营造浓郁乡村风格，除了兼顾实用与美观的双重功效外，家具皆为采荷设计现场定制的家具，也方便未来屋主若要搬离或重新调整格局时可自由移动，不受任何限制。

图片提供 / 采荷室内设计

天花板、文化石主墙的选色刻意配搭色系相仿的米灰色地板，形成拉大室内空间的视觉效果

主要建材：意大利砖、西班牙复古砖、文化石

　　设计师以美式乡村风格作为空间规划主轴，在小面积的空间中透过开放式的规划理念，创造出多元收纳的实用机能，沙发背墙涂上鲜黄色，透过跳色效果达到转移注意力的目标，巧妙化解低天花板带来的压迫感。另一方面，沙发、茶几、地毯、橱柜都带有浓浓的乡村风元素，搭配整片文化石主墙，创造出既贴近自然却又粗犷怀旧的人文气息。

图片提供 / 采荷室内设计

保留木造旧家具，
现代极简混搭古典为乡村风造新景

主要建材：线板、复古红砖、超耐磨地板

　　设计师在一楼客厅利用女主人选搭的古典壁炉当端景休憩区，衔接机能空间。背墙的英式花草壁纸配有椭圆仿古挂镜，形成一幅梦幻画作。侧边运用原本老屋既有的红砖墙喷白漆后制造粗犷感，与旁边的深木色系家具相得益彰，颇有一点现代工业风的味道。客厅地板使用大方块复古红砖，一丝丝的仿旧味，乡村风不多也不少。

图片提供 / 郭璇如室内设计

拼色复古砖加重乡村风磁场，
白文化石墙粗犷中有细致美

主要建材：杉木、文化石、定制壁纸

　　客厅是全家人聚会、三五好友来访联络感情的好所在。电视主墙特别选用大理石材质打造，米白色系架构简约具有现代感。前方的壁炉是屋主的向往，炉口使用红砖砌出弧线，凸显田园乡村风特质，落在客厅主视觉区成为焦点。客厅地板使用超耐磨木地板菱形交错贴组，镶嵌成美丽图样，与附近的餐厅使用赭红色复古地砖形成个性对比。

图片提供／郭璇如室内设计

利用家饰配件的红、蓝色系，
为主要空间提供视觉亮点

主要建材：实木、石材、灰砖

　　本案是一栋百年住宅的改建，透过空间整理，在简约的建筑形式中布置新的生活秩序。不同于白净的建筑外观，室内保留混凝土、石材、灰砖与木头的本来面貌，以大面积的开口迎来充足日光，以丰富的自然纹理展现岁月流逝的轨迹。尤其客厅的天花板保留了传统的斜屋顶样式，温润的木头结构为现代生活注入亲切的乡村气息。

图片提供 / Corde Architetti

温润木地板搭配水蓝线板元素作为乡村风格的底蕴

主要建材：木作、烤漆、超耐磨地板

　　本案中，设计师的重点在于强调简单亮眼的色彩与时尚利落的线条，借此形塑出具有丰富层次感的美式家居氛围，再透过纯净的白色与亮眼的水蓝色当成墙面的主色系来进行搭配，进而创造极具视觉冲击的感官体验，让人感到自在而纾压。电视墙除了上方采用大方的白色线板墙面外，下方还设置灰镜，让空间在视觉上能够向前延伸放大，靠窗处则规划卧榻，同时也是收纳柜，进一步强化了客厅的实用机能。

图片提供 / 庵设计

花朵造型的天花线板勾勒柔和风格

主要建材：木纹素材、混凝土、复古花砖

　　空间以白色为基调，让色彩缤纷的家具和中西荟萃的艺术品成为主角。尤其家具陈设跳脱方正的空间格局，以随性秩序创造丰富的视觉趣味。交错拼接的木地板，铺上纹样复古的红色地毯，搭配红色系的织品家饰，温润中不失活泼的红棕色调与白色空间呈现鲜明对比，每个家居角落都有主人的生活风格。

图片提供 / Lisa Corti

改动光线动线使老屋新生明亮

主要建材：木皮、铁件、玻璃

　　本案属于旧屋翻修，经调整原始格局与动线后，刻意加大公共区域范围，电视墙采用半人高的柜体设计，后方则规划为开放式书房，并以玻璃隔间，让视线得以无碍穿透，不仅令视觉延伸，也创造更轻盈开阔的空间印象。大片落地玻璃窗引入明亮光线，搭配地坪铺设的大片瓷砖，传达精致细腻的家居质感。由于天花板有一根横梁穿过，设计师以木皮修饰梁面，并一路转折向下延伸至墙壁，形成 L 字造型，既消除了压迫感，也强化了住家的温暖感受。

图片提供／共禾筑研设计有限公司

以对比色系及面材搭配增添住家个性

主要建材：白橡木皮、仿水泥粉光漆、海岛型木地板

　　针对客厅采用木皮、水泥、岩片、玻璃等素材，以极简、层叠的线条有层次地铺陈在公共区域，将空间的每个垂直水平面都串联起来，充分延伸视觉，经由格局的变动及设计后，让每处区域都拥有足够的收纳机能，同时还保有通风及自然光线。借由简约且不繁杂的包覆及装饰，让建筑结构融入设计的一部分。

图片提供 / 逸乔室内设计

以灰色系建构出的现代风，
不显得无聊的秘诀在于和家具颜色安排的层次

主要建材：木皮、灰镜、进口系统板材

　　设计初始方向采用美式都会的规划概念为主轴，考量动线、家具配置及机能的陈列，摒弃原始建商的格局，将客厅改采同轴一字形设计，使公共领域得到更大的纵深，让公区量感得以释放。客厅主墙也是一整座收纳柜，采用仿石材建材制成，同时拥有石材的自然纹理与使用机能，打破人们以往对电视墙的主观想象。并且针对客厅使用大地色为主要基调，创造疗愈人心的柔软视觉效果，让家的定义由此更加清晰明确。

图片提供 / 工聚设计

只在壁面附近做出家具跳色处理，视觉纵向有放大效果

主要建材：KD 涂装木皮板、烤漆、玻璃、大理石

面对长形的公共空间，设计师以敞开式的概念，运用带状地天花板造型，将玄关、客厅、餐厅紧密地联系在一起，界定公共空间的范围。屏风式的玄关柜，结合展示与收纳的功能，并与餐厅切割开来。客厅不受限于原本的墙体面积，反而将房门巧妙地结合电视墙的分割造型，放大了整体客厅的视觉感官。从玄关到地毯、茶几、沙发、主墙使用不同的灰色调带出层次感，尤其主墙上的造型时钟更成为客厅的焦点。

图片提供 / 工聚设计

部分展示柜以明镜为底，
能将客厅空间营造出视觉穿透感

主要建材：木皮、石材、铁件

　　客厅以沉稳的色调为基底，搭配大理石电视墙与壁纸沙发背墙，创造舒适愉悦的家居氛围。通往二楼的楼梯侧配置镂空的置物柜，同时满足收纳及展示需求，部分展示柜以镂空透视形态呈现，为透天屋的楼梯提供若隐若现的遮蔽效果，也让空间意境显得更加悠长深远。

图片提供 / 共禾筑研设计有限公司

以软件装饰营造的可爱温馨感

主要建材：系统柜、环保漆、软件家具

　　透过简单的装修及家具摆设，替客厅带来充满个性的北欧风格，同时尽量避免使用繁复的线条与色彩，让整体观感直觉而大气。地坪采用木纹砖，既保有木材的温暖氛围，也具有瓷砖易于清洁的特性，天花板不多做修饰，维持原始样貌，仅涂上白漆，再加装轨道灯与壁灯，借此打造更充裕的挑高，也让室内的光线变化更加细腻而有层次。

图片提供 / 怡品室内装修设计有限公司

由玄关开始由深至浅的配色，犹如渐色渲染的浪漫

主要建材：木皮、石材、铁件

　　沙发背墙以世界地图作为空间设计的主体，营造出具高度国际视野的空间氛围，也成为住家中的视觉焦点。电视墙的灰色系大理石，以精准掌握的比例线条分割，增添墙面的变化性，电视墙左侧联结至嵌入式壁炉与开放式吊柜，展现豪宅大气恢宏的气势。此外，天花板的黑色凹折线条也是一大亮点，从玄关处即开始蔓延，延伸至客厅、餐厅及厨房，勾勒出天花板及壁面的万种风情，流畅线条也增添场域的设计层次。

图片提供 / 共禾筑研设计有限公司

以天花板微幅的高低落差界定空间机能

主要建材：栓木喷砂实木、灰镜、安格拉珍珠大理石

为了能更有效地利用空间，设计师将原来的格局重新规划，加大客厅深度，并和餐厅采用开放式设计，借由大面积光线的落地窗纳入充裕光源，赋予狭长形公共空间开阔明朗的意象。在细节处适度地增添黑玻材质，作为延伸与穿透的设计。沙发背墙上方的梁柱则以木皮与镜面包覆，横跨公共区域往餐厅延伸，并结合不同材质与系统柜的搭配，形塑简洁利落的家居环境。

图片提供／ 拓雅室内装修有限公司

替家居营造无压氛围的双动线设计

> 主要建材：大理石、铁件、木皮、木地板

　　为了创造更灵活的家居动线，客厅采用以电视墙为分界的双开口动线设计，视觉上，为室内引进充沛光线，让视线由内而外无限延伸，替室内纳入苍翠绿意。动线上，家庭成员可分别由两侧进入多功能休憩区，从量体角度而言，明显创造出一种空间开阔宽敞的无压张力。以减法设计形塑加法视感，不仅增添身心的舒适自在，更将居住者引入与自然共生的和谐状态，让家成为一处能真正休憩放松的好所在。

图片提供 / 明代室内设计

结合猫咪动线家具的宠物宅

[主要建材：超耐磨木地板、铁件、乐土灰泥]

"我想要一面干净的电视墙，还要摆放单椅和小茶几"，为了实现屋主的要求，设计师舍弃传统量体较大的茶几，将空间保留给主人精心收藏的单人椅及小茶几，展现品味。电视墙以仿水泥墙面为底，右侧规划直立式电器柜、黑色铁件层板、电视下方 Bose Soundbar 音响及抽屉，兼具质感与收纳机能。由于楼层挑高 320 厘米，在客厅、书房的顶层空间规划 T 字形的猫咪步道，也为客厅增添利落的线条感。

图片提供 / 里心室内设计有限公司

天花板以线板修饰，
细腻平滑的表面增添视觉流畅度

主要建材：白橡木皮、大理石、耐磨木地板

　　客厅格局方正，设计师反而因此能够将简约概念发挥到极致，电视墙采用大理石，纹路也刻意对应，再搭配下方矮柜与两侧的长柜，机能与美学平衡得恰到好处，也形塑沉稳耐看的视觉感受。地坪铺设木地板，打造温暖触感，沙发、茶几、单人椅的组合相当利落清爽，大片落地玻璃窗引入明亮光线，令客厅呈现开朗舒适的悠闲气氛。

图片提供 / 逸乔室内设计

以一面浅色中和天花板上线条过于零碎的情形

主要建材：涂装木皮、铁件、刷旧木料

　　这个家庭有一对夫妻和两个学龄孩子，这样的成员结构决定了家居的面貌，但保留弹性一直是恒久住家配置的重要课题，因此在规划上与使用者取得的首要共识，就是解除原始客厅零碎隔间局限的框架尺度，以充分利用此格局配置景观阳台由各居室共享的优点，让公共区域动线通畅，而家具的配置日后也能随机改变，并透过建材的质感表现客厅低调静谧的特色，同时去除过多的修饰语汇，让设计回归真正的美好纯粹。

图片提供/ 宽度空间设计

五角拱形天花板形塑客厅主要活动区域

主要建材：大理石、人造石、茶镜

　　针对客厅电视墙及地坪，相当少见地全部采用大理石材质，除了创造视觉延伸的效果，拉长空间感，另一方面也借由石材沉稳厚实的特色，形塑尊荣大气的氛围。多层次的天花板线板造型，赋予空间多变而细腻的时尚样貌，更特别的是设计师分别选用男、女主人英文名字中的 K、Y 字样，将其铭刻在墙面上，K 为基桩，象征支撑整个家庭，Y 立在 K 之上，代表以双手拉扯小孩长大，透过独一无二的印记，让住家拥有了无法被取代的独特个性。

图片提供 / 穆刻室内装修设计工程有限公司

设置大型镂空屏风打破玄关的原始畸零空间

主要建材：环球镀钛材质、三星人造石、通越木皮

　　客厅电视墙选用实木，感觉格外温馨朴实，与玄关的低调华丽元素形成明显对比，反而突显出冲击性的视觉效果，让公共领域散发强烈个性，令人留下深刻印象。客厅一侧的休闲平台，可以当作书房、和室、游戏间使用，视使用者需求转换为不同功能，能够完全开放，亦可关上玻璃拉门成为独立区域，兼具了美观与实用的双重功效，替住家营造与众不同的多元面貌。

图片提供 / 穆刻室内装修设计工程有限公司

天花板上设置水管线灯，可以削弱对大梁的注意力

主要建材：石材、钻泥板、实木

　　客厅设计的概念，强调冷暖色的对比与渐层排序，将颜色基调定为灰色后，能传达温润质感的木材安排在边缘与伸手可触及之处，平衡了白色漆面、黑色格栅和金属亮面，得以让居住温度不至于冷冽，也借此创造了不同区域的氛围感受，这包括了模板水泥、实木、钻泥板、砂面烤漆铁件、毛丝面不锈钢、风干裂纹木地板等建材的交汇，并透过轻处理手法，衍生出缺陷美感，只要迎合光影变化，表情就很丰富，而这样的设计概念也相当符合业主对于空间的想象与期望。

图片提供 / 宽度空间设计

使用大量的金属元素与木材延续公私领域，赋予墙面多变表情

主要建材：大理石、不锈钢、镀钛板

整体空间以深咖啡色为基底，呈现低调优雅的奢华质感，再搭配古铜色镀钛板点缀出屋主独特的个人美学品位。此外，透过光带引导长廊动线，展现沉稳宁静质感，空间转换过程中，让人仿佛像是行走在洗涤心灵的道路上。

图片提供 / 穆刻室内装修设计工程有限公司

以木皮包覆入口延伸的大梁，形塑主要动线的轨迹

主要建材：实木地板、超耐磨木地板、大理石

  客厅强调不对称的设计灵感，针对主建物中的天花板大梁，简单采用虚实变化手法，营造明显的木纹走向来引导主要动线，进而使空间定位更加清楚，同时弱化大梁柱本身的突兀存在。另一方面，将平衡元素当成形塑室内风格的主要基准，于开放空间中使用大量的对比效果来构图，并且赋予视觉完美精致的协调感受，空间个性也因而独立鲜明了起来。

图片提供 / 穆刻室内装修设计工程有限公司

运用光的延展性为客厅添增视觉艺术的情境氛围

主要建材：大理石、抛光石英砖、茶色镜面

　　由玄关门口进入客厅，大面积的窗户让净透光感恣意游走全室，带入温和轻柔的光线，温暖了整个空间，透过木质天花板与橱柜板，配上剔透的白色大理石，巧妙地让此区域瞬间宽敞起来，显得优雅大气。同时针对客厅采用木质家具与清新色调点缀，并透过玻璃与明镜串联出更光亮的家居场景。

图片提供／简创空间设计

天花板上散落安置的间照灯与壁面线板灯呼应成趣

主要建材：嵌灯、大理石、拼木耐磨地板

　　不规则的隔屏内嵌间接照明，以优雅线条创造出华丽玄关，也为后方的用餐区域创造出独立空间。一道弧形的立体天花板从玄关延伸至餐厅、客厅，为大宅格局创造空间层次，并将视觉引导至明亮的窗景。风格沉稳的现代家居，搭配色彩鲜明的装饰与艺术品点缀，呈现柔和自在的氛围。

图片提供 / Danny Cheng Interiors Ltd.

入口处设置镂空纹铁制屏风，化解没有玄关的直白视线

主要建材：铁、实木、木艺品

　　客餐厅连成一气的大宅格局，以木质天花板串联整体空间。深浅木纹片片拼接，两侧搭配间接照明，延伸空间视觉。最后转折而下，成为衬托造型餐桌的优雅背景。拼接画面的艺术品、灯饰也是精心挑选，交织出一幅高雅端景。客厅则以古典风格的沙发衬托大宅气度，桌子也挑选做旧古件，在现代与复古间展露家居品味。

　　除了中央的沙发区，特别在窗边设置另一个谈话角落，方便不同场合的交谊需求。两个区域以天花板暗示空间划分，白色天花板中央挖空，铺陈深色的木质拼接天花板，搭配木地板铺陈沉静闲逸的氛围；天花板弧线的优雅与趣味也让大宅格局更显柔和。

图片提供 / ARRCC

墙面选用深邃色调，
以画面对称的沉稳质地锚定空间

主要建材：皮件、系统柜、玻璃

　　格局方正的公共区域，以天花板的造型变化区隔客餐厅。入口的钢琴区以一道弧墙铺陈进入家居的前奏，圆形的内凹天花板金碧辉煌；客厅的平顶天花板也以金箔框线修饰，延续高雅奢华的气质。

图片提供 / Danny Cheng Interiors Ltd.

质感精致的现代空间，
充满线性趣味的细节

主要建材：灰玻、铁、软件装饰

　　一道灰玻天花板，整合长形的客餐厅区域，并拉大空间尺度。大面落地窗引入光线，让位于内侧的餐厅依然通透明亮。沙发墙的金属框线有修饰长形空间的视觉效果；地板则以几何拼接呈现变化，再以如水墨挥洒的地毯画龙点睛。

图片提供 / Karv One Design 峻佳设计公司

布置绿色画作的白墙为可移动拉门，
遮挡后方楼梯动线

主要建材：人造石

　　客厅以圆弧线条布局，沙发、地毯、咖啡桌与灯饰皆以"圆"相呼应。白墙下方也以优雅弧线围塑柔和的空间氛围，上方是木作，下方是黑色石材，中间嵌入间接照明，作为置物平台与电视柜使用。向上串联木色电视墙的清新质感，向下衔接灰色石纹地板的沉稳写意。

图片提供 / SamsongWong Design Group Ltd.

柔和气氛的家具选择软化方正的空间线条

主要建材：嵌灯、玻璃、系统柜

一览无遗的海景是最佳的生活景致，为空间注入开阔氛围与明亮光线。平铺式的木质天花板层层推进，将视觉引导至晨夕变化的优雅框景。为了不影响视野，窗边仅设置低矮的电视柜，沙发、餐桌也控制在相应的高度，维持清爽的空间画面。整体空间线条简约利落，搭配纹路写意的铺石地板、几何趣味的拼接桌面，装点视觉趣味。

木质天花板的利落线条除了将视觉导向窗边海景，也有拉大空间尺度的作用。尤其让视觉延伸到一整面的书墙，以知性人文增添生活情调。沙发区域铺上水波纹路的地毯，隐约呼应窗外海景。

图片提供 / Millimeter Interior Design Ltd.

餐厨与客厅划分左右，仍以材质和家具作为视觉呼应

主要建材：实木、玻璃、大理石

　　客厅与餐厨空间分别位于左右两侧，天花板的内凹线板从入口处延伸向内，地板分别选用大理石与木质，以天地呼应界定空间划分。光线良好的餐厨空间以白色为主题，打造明亮的居室质感，并以中岛为中心，流畅串联厨房、餐厅与客厅三个区块。客厅以拼接活泼的木纹地板，搭配可躺可卧的贵妃沙发床，呈现温润休闲的气氛。

　　开放式的厨房以白色铺陈洁净印象，中岛除了呼应室内动线，也让料理区域隐藏在后方，将空间收整干净。用餐区域设置在窗前，让明亮晨光唤醒一天的食欲。以原木餐桌串联客厅的沉稳木色，照明也选用枝叶造型的灯饰，为简约家居植入自然活力。

　　客厅的天花板刻画古典线性的花朵纹样，简约柔和的线条，除了定位沙发区的使用空间，也呼应餐厨区域大理石地板的拼花图案。造型灯饰以利落的金属线条模拟枝丫，为家居带来一丝自然气息，也为纯净优雅的空间装点个性。沙发后方则是一整面的书墙，并搭配高度相应的工作桌，维持空间视线的清爽。

图片提供 / PplusP Designers Ltd.

灰砖地板与墙面统一色调，刻意保留水泥涂抹的粗犷质感

主要建材：实木、灰砖

墙面、柜体与天花板相互带动力道十足的线条，以震撼的视觉效果塑造空间第一印象，吸引目光一路延伸向内。左侧白色柜体的切割角度，内嵌间接照明，铺陈冷冽个性。再利用廊道设置餐桌，内凹的壁面以立体几何拼接打造时尚的用餐环境。木作层叠水泥的天花板，形成峡谷般的雕塑线条，为客厅铺陈别有洞天的深邃视觉。

客餐厅分列左右两侧，立体天花板也有界定空间的功能。地坪呼应天花板设计，选用砖木两种材质的不规则拼接，以温润木质与沉稳灰砖调和氛围。木地板由餐桌斜切向内，从材质上延伸空间视觉。以简约陈设维持宽敞格局，并以皮革沙发、铁件等重点搭配，打造冷调的工业风格。

从沙发望去，天花板造型更显立体，内嵌间接照明，映照在不同材质，创造优雅的光影变化。空间线条也颇具巧思，除了天花板与地板的木作线条都往室内延伸，电视墙也选用斜纹设计，与天花板交接处尤其具戏剧张力，呈现特殊的空间表情。再搭配五角形的咖啡桌、圆形地毯，玩转几何与多角度的视觉趣味。

图片提供 / SamsongWong Design Group Ltd.

天花板内嵌间照搭配白色空间，使得不方正的客厅格局更显开阔

主要建材：玻璃、实木、超耐磨地板

　　为了化解客餐厅的斜角格局，以不规则的天花板创造空间趣味，巧妙转移视觉焦点。用餐区域与沙发相对，形成自在交流的舒适空间。餐桌后方则是进入厨房的暗门，将烹饪空间收整在角落，让客厅与厨房以白黑相呼应，呈现现代时尚的简约家居。

　　除了天花板的不规则线条，空间中还置入多个块状造型，增添空间的立体趣味。例如入口处以两个交错方框创造玄关，让视线不会直接穿入室内；沙发背墙也以灰白相间的方块，在倾斜格局中创造安稳定位。同时保留一面落地窗景，引入明亮光线，以开阔的城市景致延伸空间视觉。

图片提供 / 梁锦标设计有限公司

古典风
Classical Style

电视墙选用大理石，
为一片白的浮动空间增添稳重

主要建材：石材、涂装木皮板、防潮塑合板

　　原房屋格局为电视主墙面对入口面，并采用封闭式内包厨房，这样的规划所产生的缺点便是导致公共空间分散不够开阔，设计师和业主讨论后将原厨房隔间拆除，并将客厅方位转向采用吧台串接厨房，如此一来使主墙及客厅得以放大，原本窄小拥挤的动线也变得流畅开阔。电视墙选用大理石，形塑大气尊贵气势，墙面上方的层板加入了线性元素，使得原本生硬的线条多了一些柔化的层次感，再搭配利落的铁件，让客厅在古典中又带点个性趣味，让人在清闲中感到淡淡的幽静。

图片提供 / 庵设计店

小空间的细致古典风，
就以堆叠的线板造型天花板打造

主要建材：木地板、进口瓷砖、环保漆

　　设计师希望能借由本案证明小面积空间也能够以古典风格来诠释。客厅选用华丽的家具与水晶吊灯，增添大气尊荣气势，天花板则以层层向上堆叠的线板造型进行修饰，在小细节处也精准传达精致美感。电视墙采用大理石材加以衬托，打造沉稳厚实住家氛围，再搭配木地板，以温暖质感与奢华古典风达到平衡，所谓的浪漫自然也随之而来。

图片提供／怡品室内装修设计有限公司

阳光映入室内，光线会穿越隔屏在地
面形成美丽的印记

主要建材：定制线板、壁纸、图腾雕刻板

　　从玄关开始就透露出空间的新古典风格走向，电视墙的饰花线板与沙发背墙的雕花壁纸，前后呼应形塑低调奢华气息，更特别的是设计师针对这些饰品皆采用定制化的产品，借此传递生动活泼且极具设计品位的美学感受。由一楼通往二楼的花形隔屏与客厅落地窗平行，也替客厅带来另类的绿意想象，让家无形中散发温馨幸福的味道。

图片提供／赵玲室内设计有限公司

花哨的壁面装饰就以中性暖色调呈现安定气息

主要建材：银狐＋银白龙石材、进口壁纸、金属板

　　屋主从事科技业，得随时更新手边资料及快速地读取家中档案，我们将云端设备安装在玄关鞋柜中的弱电箱旁，为避免过热，在设计上运用镂空线板打灯的方式，让它具有透气散热防潮的作用。电视墙选用银狐大理石，搭配由上而下的嵌灯灯光，营造大气尊贵气势，沙发背墙融入牡丹花意象，寓意将吉祥富贵带入家中，同时选用中性暖色调的彩镀装点空间，象征大自然的土地气息，亦具有安定、信任的意味，让每一天的生活都自由自在。

图片提供／赵玲室内设计有限公司

拱形柜内贴文化石，衔接吧台的文化石墙面

主要建材：大理石、文化石、定制化艺术画作

　　空间手法的呈现以新古典为主，并融入丰厚的设计感在其中，色系的选择以白色与蓝色做搭配，令视觉更为柔顺。家具配置上选择现代感强烈的软件带入，例如客厅沙发走比较简约的形式，希望借此传达出与众不同的味道，跳出传统概念，不拘泥于古典风格本身的设定，让人得以透过不一样的角度来看待这处公共区域。

图片提供 / 赵玲室内设计有限公司

新旧交织的多层次木色，调和缤纷多彩的家居陈设

主要建材：
实木、布艺品、拼木地板

　　白色空间作为展示艺术收藏的最佳舞台，以古木片拼接的天花板作为客厅的别致风景，斑驳纹样与木地板的几何拼接趣味呼应。方正宽敞的公共空间，坐拥明亮的露台区域，搭配用色大胆的画作壁饰、异国情调的家饰配件，精心打造品位独特的古物之家。

图片提供 / 高文安设计公司

长形客厅区域，前后以天花板高低落差做出空间区隔

主要建材：定制画作、人造石、水晶

　　刻意挑高的客厅空间，享有开阔窗景，以主墙的巨幅金色艺术画作突显空间尺度与大宅气度。从石纹墙面、地砖、沙发，到窗帘与地毯等软件，皆以大地色系铺陈沉稳明亮的居室气氛。立体水晶吊灯与地毯以"圆"相呼应，在方正线性中注入柔和气氛。海湾型沙发也与六角形咖啡桌造型呼应，在现代古典的风格中展现搭配巧思。

　　此处的天花板以方圆相应，长方形天花板内再加上圆形天花板与华丽的水晶吊灯，展现现代古典的精致奢华。一整面的艺术品展示柜与落地窗景相对，以简约的空间陈设，铺陈进入大宅的前奏。东方风味的柜体线条搭配优雅琴音，以中西荟萃打造赏心悦目的社交空间。

图片提供 / Icon Interior Design Ltd.

多层次线板天花板整合
两侧的交谊空间

主要建材：绒布、实木、大理石

　　宽敞的起居室，前后分成两个交谊空间，方便社交宴客，但平面稍微错位，营造独立的空间感。欧式家具与艺术饰品散发高雅的古典气质，尤其一整面的书墙，铺陈空间的书卷人文气息。墙面与地板选择沉稳色系，搭配拉扣沙发、各种造型的扶手椅，以别具风格的家具选择展现生活品位，质感奢华却不张扬。

　　多层次的线板内藏嵌灯，让室内光线充裕。格子梁的线条与地板的木作拼接，将视觉引导至窗前，明亮光线与窗外绿意让居室更显通透开阔。左侧空间陈设知性书墙，右侧则享受壁炉暖意，以现代与古典的兼容优雅对话。

图片提供 / Mon Deco Interior

让华丽的空间成为主角，
家具不做繁复搭配

主要建材：水波纹铺石

　　电视墙选用与地板相同的水波纹铺石，在沉稳质感中注入流动线条；两侧的立体墙面将视觉层层收拢，聚焦低调奢华的画面。客厅区域铺上斜纹地毯，创造另一种线性趣味，搭配造型圆润的扶手椅、圆桌，在方正空间中增添柔和质感。

图片提供 / Danny Chiu Interior Designs Ltd.

户外骨材与实木构筑的简单平稳风格

主要建材：实木、涂装木皮板、骨材

　　客厅设计首重风格营造，沙发背墙以户外骨材的质感，还原建筑脱模后的纹理，搭配木头调性，将空间还原至自然与内敛。电视主墙以木作做出折线造型，突显手感温度，也带出耐人寻味的美学印象，在一旁大片窗所引入户外阳光的衬托下，铺陈温和静谧的禅意气质，同时透过利落折线带出客厅角落吧台区自然实木的居室景观，进而衍生出软硬物件与家居环境之间的流畅对话。

图片提供／庵设计店

客厅以冷调水泥板为基底搭配木质使其温暖，再运用铁件点缀轻工业氛围

主要建材：欧洲系统柜、铁件烤漆、水泥板

　　本案为老屋翻新，成员仅夫妻两人以及三位可爱的小孩，因原始格局不符需求，故打掉些许隔间，重新进行规划。客厅颠覆以白为基底的设计调性，灯光配置上采用暖色调光源来塑造空间的温度，同时因家中有饲养宠物，于是沙发布选用猫抓布，防止宠物指甲伤到物件，并采用系统柜，除了价钱实惠之外也较好维护，对于家里有养小孩的屋主来说，更减少了许多经济上的负担。

图片提供／简创空间设计

极具个性的货柜风电视墙，把街头艺术巧妙融入家居当中

主要建材：铁艺、玻璃、文化石

位于格局中心的货柜金属铁板，以极具分量的蓝色量体为空间定锚，并划分公私领域。整面的落地窗引入明亮光线，一抹弧形天花板勾勒空间层次，白色与水泥材质高低交叠，以材质与色彩的搭配趣味，为精致空间装点时尚风格。

窗前设计了一道弧形卧榻，与天花板的角度相对，仿佛饶有趣味的对话。再搭配咖啡桌、路灯造型的灯饰，与极具个性的文化石墙面，就是一处优雅的露天咖啡座。虽然格局不大，却有别具巧思的多种休憩角落，同时为主人打造展示公仔的个性舞台。

图片提供 / KNQ Associates

沙发背墙做出 L 形玻璃分隔，
铺陈轻盈感受

主要建材：进口超耐磨木地板、硅藻土、强化
茶色玻璃

天花板以两道弧形修饰空间梁柱，让灯光
能以更柔和的方式结合自然光。客厅中朴素的
木纹质感搭配硅藻土，替公共领域注入细致的
美学品位，一举打造超越屋主期待的隽永静谧
日式风格。此外，客厅电视柜延伸整面墙至玄
关，形塑完整视觉效果，同时规划大容量收纳
柜，充分满足屋主的储物需求。

图片提供 / 禾光室内装修设计有限公司

木皮板黑边壁柜自然界定客餐区域

主要建材：KD 涂装木皮板、烤漆、系统板材

　　原始空间呈狭长格局，但设计师将缺陷转化为优势，自大门入口处设置白色储物柜，并将同样元素一路延伸至客厅主墙，透过开阔的面宽，打造大气磅礴的视觉震撼效果。实木地板与白色天花板及墙面的搭配，传递舒适惬意的人文气息，在大片落地玻璃窗引进的明亮阳光衬托下，将优雅时尚的精神不着痕迹地融入了生活领域当中。

图片提供 / 工聚设计

多面光线的空间优势，替室内提供更多温暖感受

主要建材：栓木木皮山形纹、文化石、比利时进口超耐磨木地板

设计师刻意摒弃电视墙的规划，转而将旋转电视的支架锁在木作包覆的柱子上，且将管线迁移至旁边的矮柜内，借以保持空间与视觉的双重简洁效果。而电视矮柜除了让光线得以流通之外，高低落差的外形也赋予客厅更富趣味性的层次细节，还兼具实用机能，搭配大片遮光帘、茶几与柔软的 L 形沙发，共同营造舒适悠闲的家居生活气息。

图片提供／禾光室内装修设计有限公司

让猫宝贝慵懒晒日光浴的向阳住宅

主要建材：比利时进口超耐磨木地板、强化玻璃、特殊漆

客厅电视墙与餐厅共用，半人高的墙体清楚划分空间场域，左右两侧保持回字形动线，让空气、阳光保持自由流动，开放通透的规划让公共区域更显宽敞。而沙发背墙涂上自然石头纹理的特殊漆，与电视墙的草木绿相呼应，为日常生活带来放松治愈的森林感。

图片提供／禾光室内装修设计有限公司

玄关弧形曲线转变横轴线，引导屋主转换返家的心境

主要建材：栓木山纹喷漆特殊色处理、木丝水泥板、钢刷橡木皮本色处理

一踏入玄关就能立即沉淀情绪，随着弧线造型进入室内，自然流泻的空间动线，更能放松心情。窗外山峦重叠延伸至室内，以轻柔颜色描绘蓝天、绿叶、奇石、树木、土壤，使自然景观与室内环境充分融合，塑造出天然减压的舒适环境。简洁的电视墙面设计再次提醒人们，只要愿意卸下心防，就能尽情享受一种简单却幸福的生活方式。

图片提供 / 禾光室内装修设计有限公司

大面主墙与沙发以同色系带来一体视觉与如沐春风之感受

主要建材：白橡刀痕木皮、黑格丽木皮、比利时进口超耐磨木地板

　　由于客厅光线极佳，于是在靠窗处设置书桌区，让全家人都能够沐浴在温柔的光线下随意阅读、上网，强化彼此间的情感交流。电视

主墙以质朴隐逸为设计风格，涂上一整片让人感到舒服治愈的浅绿色，映衬染白实木皮及实木皮本色所组成的电视柜，犹如温暖的阳光漫入室内，令室内空间自然而然散发出田园闲适的氛围，满溢的家居幸福感也因此呼之欲出。

图片提供 / 禾光室内装修设计有限公司

向上延伸的木造楼梯也有打造室内"向上"的挑高效果

主要建材：白桦木钢刷实木皮、香槟多层钢刷木皮、Quick Step 宽板木地板

客厅后方"长"出一座连续转折的楼梯，成为室内一道显眼的风景，也象征着一种坚硬支撑的力量，借由这样的规划达到串联起公、私区域的效果，每一个转折都让光线沿着不同轴线延伸，搭配不规则的挖空方格，赋予光线更细腻的情感表达与呼吸方式。另一方面，设计师也借重空间本身的光线与原始素材，回归生活简练的本质。楼梯墙面作为电视主墙面，让人在看电视的同时也能注意到其他人的一举一动，进而令家人间的联结更为紧密。

图片提供 / 禾光室内装修设计有限公司

大量运用木皮与简约色块呈现自然悠远的静谧氛围

主要建材：钢刷橡木喷漆处理、栓木多层钢刷、栓木喷漆处理

半高的电视墙与收纳柜间形成一个回廊，让人无法一眼望尽，电视墙掩盖的也许是整理到一半的行李或是珍贵的收藏，也有可能是屋主的心情。电视墙后的小角落可以保持动线畅通，也可以让人百无聊赖地坐着看窗外发呆，设计师透过空间的流动性与多样性替生活带来更多可能。

图片提供 / 禾光室内装修设计有限公司

天花板以斜面设计消除中间大梁问题，突显开阔的挑高尺度

主要建材：栓木喷砂实木拼、灰镜、白色烤漆

　　原先空间格局为出租套房规划，故无厨房及客厅，新屋主迁入后，重新进行格局配置，客厅以轻浅的色彩基调形塑明亮氛围，电视墙则利用线条及材质的分割作为珍品展示柜，搭配实木地板，打造温馨舒适的家居质感，生活也因此更加完美。

图片提供 / 拓雅室内装修有限公司

带状柜体由玄关延伸至电视主墙，
结合外衣柜、鞋柜、杂物柜及机柜功能

主要建材：木作、赛丽石、灰玻、沃克板

　　玄关的全身镜延伸至柜体下方带状灰镜，灰镜让底部悬空的电视柜体呈现漂浮状态，轻化柜体重量，与低矮的沙发形成视觉上的趣味对比。沙发后方设置镶嵌着屋主名字的可活动背墙，透过活动隔间的开合方式，将空间使用率最大化，彼此可独立也可共享，进而创造出虚实多变的使用方式。

图片提供 / 禾光室内装修设计有限公司

利用有穿透感的网状屏风区隔客餐区域，是不显局促的做法

主要建材：皮件、铁艺、超耐磨地板

如何处理客厅与餐厨的不规则格局是本案的重点。首先在入口处设置一面黑色屏风，以时尚造型稍微遮挡客厅视线，也有助于客厅的空间界定。接着以造型天花板统合客餐厅，天花板的高低落差内嵌间接照明，形成一条优雅

光带。餐厅的灰色墙面有定位空间的功能，在纯白空间中形成鲜明对比。

天花板角度汇聚到窗边收拢，以优雅弧线润饰格局，并让窗景成为空间的一个面。文化石的电视墙呼应白色主题，在材质细节上做出变化，为纯净空间增添个性；下方的电视柜也扮演修饰空间线条的作用，在不规则格局中创造舒适的安定角度。

图片提供 / Man Lam Interiors Design Ltd.

客餐厅的地坪以瓷砖与木作接续，暗示空间转换

主要建材：玻璃、铁件、复古砖

一整面的雕花瓷砖作为客厅的视觉主角，玩转材质的组合乐趣，以简约陈设营造休闲的家居氛围。一道木格栅弧墙接续弧形天花板，将客餐厅优雅区隔，木格栅的光影游移为空间注入表情变化。

图片提供 / PplusP Designers Ltd.

装潢设计实例

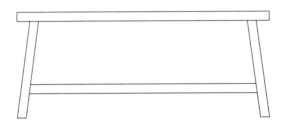

Interior Design
Ideas for
Kitchen

靠窗设置卧榻将户外光引入室内，
赋予用餐区美好日光

主要建材：实木手染、意大利砖

即便住家空间不大，设计师依旧贴心地规划出一个让人感到无比惊艳的餐厅角落，延续屋主喜爱的乡村风，从餐桌、餐椅、橱柜、吊灯等，透过实木材质与花卉图案的结合，创造温馨浪漫的生活氛围，创造用餐与休憩的弹性使用机能。小小的一字形厨房采用意大利花砖与粉色实木手染，具备基本烹调功能，同时流理台下方还加装滚筒洗衣机，让空间获得最有效的利用。

图片提供 / 采荷室内设计

色系不张狂的纯朴乡村风设计，也能运用线板、桌脚的小细节彰显屋主的细致品位

主要建材：实木手染、意大利砖、西班牙复古砖

　　相较于一般的乡村风，这间餐厅还融入了部分古典元素，虽然依旧大量使用实木材料，但在外形及线条上都更加内敛，地坪复古砖带来欧式深宅大院的怀旧气息，木质橱柜散发温馨隽永的味道，餐桌采用实木染色搭配花砖制成，丰富了空间表情，餐椅选用皮革，除了坐起来更加柔软舒适，也有别于乡村风惯于使用的木椅，成为餐厅里画龙点睛的亮点，突显多变而不落俗套的设计概念。

图片提供／采荷室内设计

绿色为主的烹煮区，工作台面也运用蓝、紫等冷色系的马赛克砖打造而成，既能呼应风格，也是视觉上不显得杂乱无章的设计作法

土砖色为主的餐厅区，用餐桌面改用暖色系为主的马赛克砖拼贴，暖色系有让用餐心情愉快舒适的作用

马赛克砖作为台面，具有好清理维护、风格主题性强的优点

主要建材：意大利砖、西班牙复古砖

　　餐厨区地坪铺设手工西班牙复古砖，经过火候、温度的不同淬炼，显示出自然温润的色泽。餐桌为实木材质，桌面则贴上马赛克，带出乡村风情，餐椅布面满布花纹图案，再次呼应乡村元素，展现独特生活美学，也替这处区域注入原始情调，轻松营造深呼吸般的解压氛围。天花板排列的枕木将户外自然景观引入室内，相当具有治愈作用，也增添更丰富的空间细节。厨房大量使用马赛克与瓷砖，并搭配木质橱柜，让人仿佛一转眼来到欧洲乡间，心情也跟着轻快了起来。

图片提供／采荷室内设计

加装枕木可以削弱对畸零天花板的注意力

主要建材：实木手染、意大利砖、西班牙复古砖

　　餐厨区位于楼下，有意思的是设计师抓住这个特点加以
利用，除了针对风格概念延续屋主所喜爱的乡村风之外，还
刻意在天花板加装枕木，同时在餐厅与厨房之间透过水泥与
石材形成分隔柱，借由刻意营造的粗犷天然质感，让整个餐
厨区犹如处在山洞中，让人无论在这里用餐或料理都充满一
种野性的趣味，空间个性也由此更加鲜明。

图片提供／采荷室内设计

八角形清玻餐桌为空间主角，搭配造型各异的餐椅展现屋主品味

主要建材：灰砖、实木、玻璃

一楼的用餐区域是白墙、灰砖与木头屋顶的简约组合。庭院地坪与室内地板同高度，让空间视野自由向外延展，搭配两扇大面落地窗撷取开阔的花园绿意；夜晚的昏黄灯光由开口渗出，点亮出温馨的家的意象。

餐厅与厨房的横梁下方设置一道 L 形的木作墙面，深邃木色有锚定空间的作用，除了区隔餐厨空间，也稍微遮挡室内的活动隐私。隔墙的两侧留出走道，保留两个空间的穿透性。餐厅的木头天花板与木作隔墙以深浅木色相互呼应，后方的厨房则以白色的平顶天花板，创造出洁净的料理空间。

需要用水与用火的烹煮空间，收整在 L 形木作隔墙的后方，上下皆保留充裕的收纳空间。与之相对的是一排轻盈的白色收纳柜，与整体空间色调和谐；前后一深一浅的简约柜体，创造出流畅的工作动线。虽然以隔墙划分餐厨空间，厨房仍设有门窗引进日光，甚至在料理时也能享受庭园美景。

图片提供 / Corde Architetti

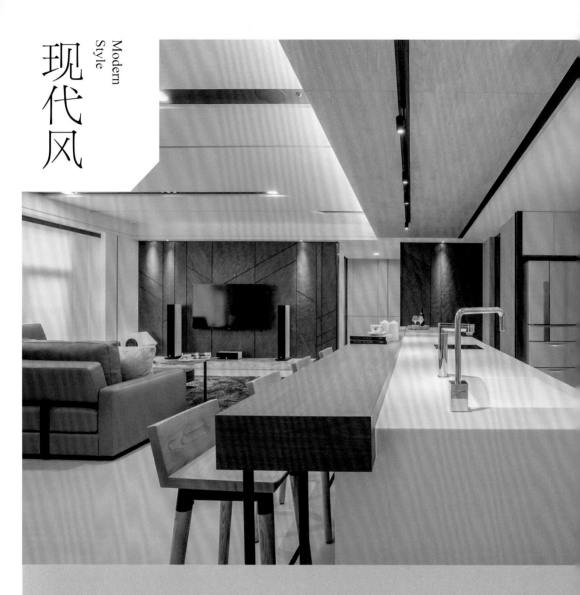

天花板上的木皮包梁和结合中岛吧台面的木质餐桌，营造纯白系空间的层次

主要建材：石材、薄岩板、铁件

　　餐厨区绝对是空间里最叫人感到惊艳的神来一笔，餐厅位于客厅后方，简单利落的外形底下也能够容纳多人同时用餐，有助提升家人间的情感交流。厨房采用独立规划，但电器柜设置在外围，与中岛吧台、红酒柜串联起来，与客厅分庭抗礼，成为住家当中最重要的社交核心区域，且针对天花板、台面大量选用实木与石材进行修饰点缀，糅合两种冷热自然触感，打造出独一无二的视觉奇观。

图片提供 / 共禾筑研设计有限公司

透过吧台的转折
以打造出轻食区的使用界线

主要建材：木皮、灰镜、进口系统板材

　　餐厅位于客厅后方，采用开放式设计，与客厅连成一气，以呼应屋主所期望能与到访宾客有更多联系与共同使用空间的可能，同时餐桌也能够当成书桌使用，除了用餐之外，也可以在此阅读或上网，赋予本区更多元的实用机能。

图片提供 / 工聚设计

利用抢眼的古铜色吊灯
标志出餐桌的地域位置

主要建材：KD 涂装木皮板、烤漆、玻璃、大理石

　　餐厅安静地位于客厅旁的角落，从外观而言不算非常抢眼，但却相当具有自己的个性，素色墙面、实木餐桌、柔软的皮椅，搭配金铜色的造型吊灯，共同打造出一种低调而不喧嚣的细致美学品位，并且也尽量减少不必要的线条与造型修饰，回归简单纯粹的设计初衷，进而衍生出迷人的静谧氛围，让餐厅在住家环境中具备了举足轻重的地位。

图片提供 / 工聚设计

在引入阳台的光线之下，开放式的餐厅规划得犹如变成原本的两倍大

主要建材：石材、烤漆

设计师应屋主要求，移除一间卧室，将其面积平均分配给客厅、厨房，开放式的餐厅规划，也因为旁边就是大片落地玻璃窗，加上从客厅方向映入的光线，让本区达到双面光线的效果，彻底形塑无拘无束的自在氛围。此外，天花板设计也值得一提，借由斜角造型的线板化解大梁的压迫感，也赋予空间更丰富的视觉变化。

图片提供 / 共禾筑研设计有限公司

∏字形让厨具与中岛联结在一起，增添许多实用空间

主要建材：石材、烤漆玻璃、铁件

　　走入餐厨区，仿佛进入一个纯白色梦境之中，厨具台面使用人造石，橱柜门片选用钢琴烤漆，环绕四周的墙壁则铺设大片瓷砖，虽然建材各异，但相同点在于全都是白色，搭配由两扇格子窗映照而入的户外阳光，彰显典雅大气的精品气势。餐桌紧邻中岛，无论备料或上菜都更加简便，于是厨房与餐厅起到相辅相成的作用，令餐厨区成为空间内无法忽视的重要焦点。

图片提供 / 共禾筑研设计有限公司

餐桌上方的镜面反射消弭了大梁的存在感，还有拉高天花板的作用

主要建材：灰镜、白色烤漆、赛丽石

　　餐厅空间延续了客厅所采用的材质与元素，除了一脉相承、由木皮与镜面包覆的梁柱，主墙一侧的层柜使用镜面带出空间延伸感，并以大面黑玻划分餐厅与玄关空间，拥有介质的穿透性但无法一眼望穿，仍保有些许的私密性。餐桌旁的橱柜、电器柜机能完善，制作简单的轻食料理已是绰绰有余，而需要使用明火烹调的燃气灶等厨具皆设置在门后方，当使用者做菜时，可以关上门隔绝油烟，维持空间清爽干净。

图片提供 / 拓雅室内装修有限公司

黑灰白构成的现代风餐厨空间，以烤漆玻墙面和设计吊灯点出典雅大气

主要建材：进口意大利瓷砖、CLEANUP 日系厨具、烤漆玻璃

　　屋主是一对退休夫妻，希望可以拥有让自己愉快度过退休生活的度假会馆，并且让小孩子们能够一起在其中自由活动，因此空间动线以宽敞舒适为主。设计师以开放式厨房搭配定制的 12 人铁件烤漆餐桌，不仅外观尊贵典雅，也能同时容纳多人一起用餐，进而增进亲朋好友之间的温馨情谊。一字形的厨具设计搭配齐全的电器设备，除了让格局保持开阔，操作也加倍便利。餐厨区底侧端景则采用黑色烤漆玻璃，再以画作点缀，突显低调奢华元素，让来往宾客皆留下深刻印象。

图片提供 / 砌贰设计顾问工作室

木纹特意选择相似款，仅以色调不同做出低调的层次变化

主要建材：大理石、铁件、木皮、木地板

　　屋主喜爱无拘无束的自由状态，这也是其所向往的生活哲学，因此针对餐厨区，设计师采用开放式规划，简单的L形厨具搭配中岛，材料则挑选木皮与人造石，没有多余的线条与色彩，不仅耐看，也很实用，更无形中创造一种回归纯粹的质朴美学品位。餐桌椅以实木、铁件组成，坚固耐用，外观也相当典雅，紧邻中岛，无论备料或上菜都非常方便，大幅提升使用效率，也令餐厨区成为住家中最吸引人的社交场域。

图片提供／明代室内设计

现代风与工业风交织出的
咖啡香餐厨天地

主要建材：钻泥板、铁件、不锈钢

由于屋主人喜欢冲调咖啡招待客人表达心意，所以将厨房与吧台结合取代了餐桌，吧台台面以毛丝面不锈钢来呈现，并设置铁管吊架来安排厨房机具与轻简的收纳。另一方面如果需要比较正式的用餐环境，客厅沙发后方仍然规划了一张桌子，能够让人舒服地坐着享用美食、聊天谈心，同时也借此将餐厅的范围延伸，令整体空间气氛更加轻松愉悦。

图片提供 / 宽度空间设计

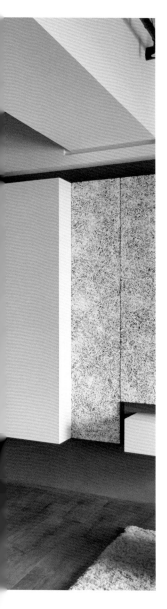

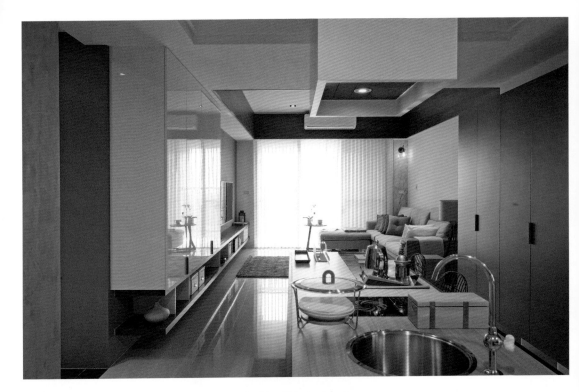

一字形中岛吧餐桌有效扩大餐厅区用途

主要建材：柚木实木、橡木实木、钻泥板、烤漆玻璃

　　因为室内面积有限，所以设计师刻意将中岛长度增加，以结合餐桌，并且设置收纳柜来摆放小型厨房电器，不仅使用更加便利，干净利落的外观也有效减少视觉紊乱感。用餐区虽然不大，但小而美的造型也颇令屋主满意。一字形的厨具仅占据空间一角，但功能相当齐全，搭配素雅的色彩，铺陈复古摩登的视觉语汇，无形中成就屋主一直以来非常重视的人文品位。

图片提供 / 宽度空间设计

云石纹壁纸颇能与木桌花纹对应成趣

主要建材：环球镀钛材质、三星人造石、通越木皮

餐厅规划简单中见优雅，实木餐桌椅的设计替空间增添典雅而温馨的气质，一旁墙面贴上进口壁纸，独特纹路展现时尚利落氛围，再搭配墙上悬挂的艺术画作与天花板嵌灯所散发的光晕，让原本简单的用餐行为成为一场犹如在华丽殿堂内的精致享受。厨房另外规划中岛吧台，除了强化实用功能之外，也形成一道隐形界线，将厨房与餐厅区隔开来，形塑住家动线更细腻的丰厚层次感受。

图片提供 / 穆刻室内装修设计工程有限公司

中岛吧台刚好规划在不超出顶上大梁的范围内，以至于视觉上看来干净利落

主要建材：卡拉拉白石、涂装木皮、铁件

　　设计师扩充了原本一字形的厨具，增加了中岛与电器柜的整合，也顺势扩充了厨房的空间与打造口字形动线。中岛提升了料理机能，还增加了更多的用餐空间，于是孩子们的早餐便能在中岛享用。餐桌旁设置了咖啡调理区，那是屋主的兴趣，每天一杯热腾腾的咖啡能让人感觉生活都步上正轨，餐厨区透过轴线与家具摆放划分出领域感，没有过多的装修，质朴的设计调性表现出屋主谦虚内敛的人生态度。

图片提供 / 宽度空间设计

少见的流线型高脚中岛吧台，
在狭长形的空间里起了一个动线分流的作用

主要建材：镀钛板、黑铁管、系统家具

　　为了完成屋主希望能够在自己的住家内随时放松的目标，设计师在本案的中央位置规划一座吧台，利用流动的线条作为设计的起源，不规则造型的基座外观，颠覆人们对于吧台的传统印象，创造出极具变化的空间表情，也让对坐品酒的两人能够更接近彼此。天花板分割纹路与吧台线条相近，透过上下呼应的设计手法，替本区增添立体而迷人的视觉感受，同时天花板加装轨道灯与投射灯，可以依照需求调整灯光强弱，进而营造不同情境氛围。一旁储物柜可以收纳多样物品，也与吧台达到左右对称的功效，令空间视野由此更为完整。

图片提供 / 穆刻室内装修设计工程有限公司

古铜吊灯和咖啡色餐椅搭配成套，无形中也融入了餐厅区域的木皮主视觉色调

主要建材：抛光石英砖、欧洲系统柜、茶色镜面

　　餐厅与厨房是完全独立的两个区域，且在气氛营造上也截然不同，位于出口处的餐厅采用开放式设计，长形餐桌能够容纳至少六人同时用餐，完全符合屋主好客的个性，搭配金铜色吊灯与香槟金餐椅，彰显活泼明朗的气息，有助增进宾主尽欢的交流情谊。相较餐厅，厨房就是一整片的白，毫无多余的色彩及线条，白到了极处，却也因此奠定优雅新高度，与餐厅恰好形成一冷一热的互补关系，共同赋予整体空间超越想象的不凡面貌。

图片提供 / 简创空间设计

以吊灯凸显用餐区的功能性质，使人一眼就明了

主要建材：台湾集成角材、半抛光石英砖、系统柜压型门片

一进入住家之内，注意力很难不立即被充满现代简约法式优雅风情的餐厅给吸引，长方形的餐桌摆在正中央处，是用餐兼阅读空间，亦是凝聚家人的重要环节。透过天花板造型及浅灰调性的吊灯由上而下精准地划分空间使用范围，特别的是以圆弧轨迹轴将吊灯往右侧滑动，餐桌椅向餐柜靠拢，腾出运动空间。左侧白色墙面与右侧白色橱柜相互呼应，突显设计师透过对比手法规划空间的概念，不仅让餐厅呈现完美平衡的视觉效果，也形塑大气典雅的氛围。餐厅后方的蓝色镶边玻璃拉门是通往厨房的入口，蓝色拉门与橱柜的蓝色玻璃同样彼此呼应，从而创造延续性的设计语汇，厨房格局小而实用，无论动线、设备、颜色都运用得恰到好处，待在这样的餐厨区中，让每一天都是愉快的时光。

图片提供／简创空间设计

在用餐区设计的拱形天花板
设计上有着聚拢空间的作用

主要建材：嵌灯、大理石、拼木耐磨地板

　　天花板造型与拼接木地板将客厅与餐厅流畅整合，让两个空间既完整又独立。背墙上的两幅艺术品衬托大气格局，分别为客餐厅置入重心。华丽的立体浮雕与电视墙造型呼应，皆内嵌照明并转上天花板，创造出特殊的视觉效果；而餐厅的山峦画作散发悠闲气息，色彩线条与地毯相衬，为空间植入清新氛围。

　　善用玄关隔屏后方的空间摆设钢琴与餐桌，打造音乐佐美馔的优雅角落；并区隔餐厨空间，画作旁才是通往厨房的入口。圆形天花板搭配圆桌，而羽毛造型的灯饰，色彩与造型皆呼应如鸟翼般的餐椅，用餐时仿佛与山峦对话，铺陈一室的柔美自由。

图片提供 / Danny Cheng Interiors Ltd.

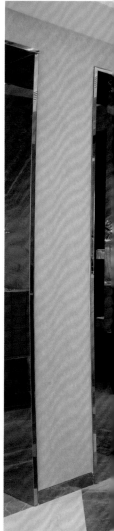

充分利用客厅沙发背后空间做出的用餐区，
是考虑通往厨房动线顺畅的设计规划

主要建材：水晶吊灯、玻璃、系统厨具

　　客餐厅共享开阔的露台风景，让用餐区域也拥有通透视野。餐厅的长形天花板与餐桌呼应，内凹造型搭配镜面突显挑高视觉，再以水晶吊灯璀璨搭配。厨房空间另外独立，水火动线前后区隔，并利用空间设置 L 形轻食餐桌，是高雅家居中的随性一隅。

图片提供 / Danny Chiu Interior Designs Ltd.

华美的水晶吊灯与旁边的茶镜展示墙风格呼应

主要建材：石材、茶镜、人造石

　　餐厨区域收整在空间内侧，以一道黑色石墙搭配镜面方框巧妙分野，并与后方的白色厨房相互衬托，白色的迷你中岛也将工作区域隐藏在后。用餐区域的墙面各有巧思，一侧以精致灯饰点缀用餐气氛，另一侧则是收藏与展示层架；餐桌上方再以黑色的水晶吊灯聚焦，点亮奢华缤宴。

图片提供 / Karv One Design 峻佳设计公司

使用大量木色加上配置嵌灯的黄光源，可以中和吧台区过于冰冷感的设备

主要建材：嵌灯、玻璃、系统柜

　　客厅与餐厨结合的起居空间，以银灰与棕色铺陈现代时尚的空间基调，前后以天花板划分机能空间。白色天花板整合入口、厨房与空调，内嵌照明的木纹天花板则整合客厅、书墙与餐桌。沙发与书墙、餐桌形成垂直构图，除了餐桌可当工作桌使用，中间的无靠背沙发，也可两侧使用，方便招待多人用餐，以家具搭配提升精致格局的空间效益。

图片提供 / Millimeter Interior Design Ltd.

先以天花板设计内凹定位中岛吧台，餐桌的摆放位置就比较容易思考

主要建材：实木、玻璃、大理石

　　开放式的厨房以白色铺陈洁净印象，中岛除了呼应室内动线，也让料理区域隐藏在后方，将空间收整干净。用餐区域设置在窗前，让明亮晨光唤醒一天的食欲。虽然将餐厨与客厅划分左右，仍以材质和家具选品相互呼应，例如以原木餐桌串联客厅的沉稳木色、照明也选用枝叶造型的灯饰，为简约家居植入自然活力。

图片提供 / PplusP Designers Ltd.

狭长形厨房区设置双门动线通往客厅和客厕

主要建材：系统柜、石材、铁件

　　餐厨空间各自独立，格局狭长的厨房以黑白灰打造极简氛围。料理的工作动线整合在左侧，与之相对的两道门分别通往客厅和客厕。墙面与地板延续整体空间的灰色主题，在灰砖尺寸与拼接方式上稍做变化。墙面是尺寸较小的工整布局，地板则是尺寸较大的斜拼，以细节变化突显个性。

图片提供 / SamsongWong Design Group Ltd.

格局开阔的餐厅以高低天花板突显空间层次

主要建材：定制画作、造型吊灯、石纹地板

　　灰色裂纹的天花板与地板的石纹相呼应，再搭配高低落差、中央内凹的白色圆形天花板，以立体效果形成视觉焦点。Tim Dixon 设计的 Etch Web 吊灯，纹理极似天花板裂纹，并以球形串联圆桌，在现代风格中形塑圆满意象。挂有画作的背墙是可移动的拉门，可弹性开关，形成亲密的飨宴空间。

图片提供 / SamsongWong Design Group Ltd.

天花板上错综线条安置嵌灯，增添抬头看见的光影立体变化

主要建材：玻璃、嵌灯、亚克力

　　天花板的大胆设计，是白色空间中的精彩风景。不刻意遮掩 50 年的老屋横梁，加入长形方框组构利落的现代造型。搭配 LED 照明，突显线条结构与光影层次，消融横梁的压迫感。在大片的白色主题中，刻意留下几道黑墙与黑色家具，营造前卫冷冽的时尚风格。

图片提供 / 梁锦标设计有限公司

保留原屋宅的自然木梁特色，搭配度假风味十足的家饰选品，予人被夏日微风轻抚而过的舒畅感受

主要建材：实木、皮件、造型吊灯

　　室内保留复古的木头天花板与梁柱，结构肌理清晰可见，让斑驳参差的木色为空间做注解。客餐厅以白色打造明亮通透的现代家居，皮沙发搭配木餐桌，是个性与温润的和谐装点。一道左右穿透的白墙，让厨房享有光线良好的宽敞空间，料理台延伸轻食吧台，搭配优雅的球形灯饰，铺陈新旧融合的质朴氛围。

图片提供 / Neri&Hu

从餐厅一路延伸到琴房边缘的天花板都采用圆形造型，呼应设计师规划呈现的圆形屋内动线

主要建材：描金线板、定制化艺术画作、蓝水晶超级钻石大理石切割拼花

因为原始格局的缘故，餐厅位于住家正中央的位置，设计师使用圆形的意象来塑造中心的感觉，同时因为餐厅至客厅是连续的开放空间，规划圆形的动线也能够让行走移动更加顺畅。此外，由于餐厅的上方有一根梁，设计师不想使用平面直角的方式相衔接，同时为了保持挑高的高度，所以做出弧形联结，这样的造型也与整体设计概念相呼应，进而形塑了空间的完整性。

图片提供／赵玲室内设计有限公司

以柜体区隔出客厅与餐厨区的界线，创造出独立而不受干扰的用餐环境

主要建材：大理石、定制雕花板

　　餐厨区位于二楼，特别之处在于餐厅与厨房几乎是直接融合在一起，且设计师针对此处区域大量选用纯白色系，营造开阔宽广的空间感受，令整体格局动线丝毫不显局促。天花板的圆形设计点缀以复古水晶灯，形塑怀旧浪漫的华丽氛围，彰显不落俗套的隽永生活美学。

图片提供／赵玲室内设计有限公司

天花板的同心圆造型与餐桌上下呼应，打造圆融的视觉效果

主要建材：定制化艺术铁件、大理石、人造石

餐厅极具大宅气派，圆形餐桌可容纳至少六人同时用餐。光可鉴人的地坪搭配大片落地玻璃窗，替室内增添沉稳大气的风范，竖立一旁的白色橱柜，是设计师针对屋主需求特别定制，不仅外观带有古典线条，也具备大容量的置物空间。厨房隐藏在拉门后方，当门片敞开，便展现出设备齐全的厨具与中岛吧台，门片图案的灵感由来是屋主与女儿们的椭圆DNA，一开一阖之际，不仅象征餐厅与厨房的连通，也代表着家人间紧密的情感联结。

图片提供 / 赵玲室内设计有限公司

地板铺设马赛克砖，稍稍吐露出些许乡村风元素，与古典风形成对比

主要建材：大理石、线板

如何在有限空间内创造出具备华丽古典风气势，同时又能兼顾美观与实用的设计，是本案优先要达到的目标。开放式的餐厅辅以欧式宫廷风餐桌椅及圆形天花板与垂挂而下的水晶灯，酝酿优雅迷人风情，厨房同样采用开放式规划，一字形厨具与中岛吧台的对应关系让烹饪机能获得提升。

图片提供 / 赵玲室内设计有限公司

格局大气的公共区域，将客餐厅前后整合，
共享开阔的露台景致

主要建材：吊灯、金箔、玻璃

　　以金箔裱贴的天花板，洒落一室的金碧辉煌，细腻纹理搭配枫影木与镜框勾勒灯槽，奢华光影让空间熠熠生辉。地板的水波纹呼应天花板的金色流光，拉大空间尺度，并将视线无限延伸。家具选择搭配空间色彩，以深色绒布沙发为重心，铺陈精致的居室氛围。

　　餐厅以水晶灯饰呼应天花板的镜框造型，并以一整面餐橱柜打造餐厅的优雅端景。餐桌椅搭配空间色调，打造高雅的社交飨宴，气质雍容而不流俗套。尤其餐椅的圆润弧线颇具巧思，让方正的空间线条更显柔和。厨房位于餐厅旁的独立空间，巧妙区隔的木作暗门就位于钢琴旁，维持公共区域的精致尊荣。

图片提供 / Danny Chiu Interior Designs Ltd.

大气的格子梁天花板将这三个中西交融的机能空间整合为一

主要建材：实木、玻璃、大理石

气质奢华的餐厅以西式圆桌为主角，搭配烛台造型的灯饰，形塑亲友团圆、宴客交谊的美馔空间。另一头则是以山水画与中式家具围构的东方人文角落与品酒、轻食的时尚吧台。除了天花板的切割线性，铺石地板与木质墙面的线条各有表情，在方正格局中以细节玩转空间关系。

厨房以灰色石纹与棕色木纹为基调，铺陈沉稳洁净的料理场域。并利用狭长的空间特性，将工作区域与电器以 L 形整合，维持流畅的工作动线。与之相对的是一整面落地窗景，让厨房拥有良好光线与庭院景色，并在窗前设置吧台，营造一处明亮的轻食空间。

图片提供 / Icon Interior Design Ltd.

明亮大开窗垂直线正好是餐厅中心视线点

主要建材：水晶、木纹耐磨地板

　　格局开阔，享有明亮窗景的餐厅，将餐桌置于空间中心，搭配不互相干扰的交谊角落，以琴音佐美馔，呈现现代古典的优雅风格。木地板在方正切割中搭配斜纹拼接，铺陈一室的大气雍容；天花板也以木作的菱格纹呼应，并以水晶吊灯璀璨聚焦，打造华丽却不繁复的飨宴空间。

图片提供 / Robert A.M. Stern Architects,LLP.

错落的框线铁制屏风，色彩正好与大柱颜色呼应

主要建材：铁器、木作

　　客餐厅以一道铁制镂空屏风区隔，错落的框线制造视觉趣味，并保留空间通透。桌面的拼接木作铺陈休闲愉悦的用餐气氛，以铆钉装饰的餐椅散发低调奢华；内凹的方形天花板对应方桌，再以璀璨的水晶吊灯凝聚视觉焦点。有艺术相衬，美馔美酒更添滋味。

图片提供 / Mon Deco Interior

水晶灯与墙上画作彰显屋主的大气不凡风范

主要建材：清玻、实木、定制画作

　　华丽的水晶吊灯，搭配造型简约的清玻餐桌、复古木椅；充满艺术收藏的家居摆设，以跳脱框架的搭配让画面繁而不杂。厨房与餐厅各自独立，餐厅旁还规划了轻食区域，优雅的木作料理台搭配赏心悦目的食器收藏，散发浓浓的欧式风情。

图片提供 / 高文安设计公司

红色砖墙成为餐厨区里最大亮点

主要建材：老旧红砖、石英石、手工漆

　　在静谧的空间中，餐厨区仿佛自成一格，红色砖墙营造复古怀旧的浪漫风情，壁面上悬挂的风景与家人照片替空间增添了生动活泼的记忆。设计师将厨房、中岛、餐桌全部整合在一起，在面积有限的室内区域中，兼顾了动线格局与实用机能的完美平衡，再搭配大理石材与深浅木皮的交互运用，让餐厨区不仅是简单烹饪、用餐的场所，更是屋主个性独一无二的展现。

图片提供 / 青水设计

复合多种工业风要素的设计餐厅区域

主要建材：
老旧红砖、钢筋、防爆灯

为了展现与众不同的家居个性，设计师选用工业风来打造本案，餐厅自然也不例外，以实木与铁件组合而成的餐桌椅，流露出粗犷与细腻并存的独特风情。天花板刻意将管线裸露，除了营造丰富有趣的视觉感受，也精准传达浓郁工业风元素。一旁的墙面以钢筋与木作搭建出陈列架，不仅具备实用效能，也替原本单纯的墙壁增添令人印象深刻的强烈特色，餐厅的形象也因此生动了起来。

图片提供 / 青水设计

后方架高的木地板充当临时座位区，成为家族聚会中凝聚感情的中心点

主要建材：
木纹砖、Takara 进口日本厨具、
铁件烤漆

屋主早在设计之初，便已决定舍弃一般格局，想在新屋内多增加一些开放以及自由的感觉，于是设计师规划开放式厨房以及大中岛台面，同时将餐厨区设置于回字形动线入口处，让朋友以及家人聚会时可以自由活动以及放松地聊天谈心。且餐厨区天花板刻意保持原始状态，让管线自然裸露，再装设轨道灯，同时搭配水泥粉光墙面，成功创造出一种既疏离又亲密的艺术美学氛围，让人深深为之着迷。

图片提供 / 砌贰设计顾问工作室

未加涂装的木材增添了粗犷的工业帅气氛围

主要建材：涂装木皮板、铁件、OSB 板

由于屋主向往能够拥有一处具质感的轻工业风雅居，于是餐厨区的比例被放大，几乎与客厅呈现 1：1 的比例，让亲朋好友能够随时在这里享用美食、聊天谈心。设计师特别将开放式餐厨空间收整于同一侧面，搭配上方悬吊的金属置酒架，形塑带有强烈个性的设计风格，而为了好客的屋主，更是定制活动木餐桌，可视造访人数多寡抽拉使用，轻松容纳多人聚会，且餐厨区的组成以实木与铁件为主，在暖黄灯光修饰下，尽情诠释温馨滋味，于是美好的简单生活从此唾手可得。

图片提供 / 庵设计店

Loft
Style

LOFT 风

是电视墙也是餐厅区的隔间！

> 主要建材：比利时进口超耐磨木地板、定制五金、栓木皮喷漆处理

　　餐厅采用开放式设计，与客厅共同建构了更宽广的公共领域视觉效果，半高的电视墙象征性地将两处不同性质的空间给分隔开来。绿色墙面拥有沉淀心情的治愈功能，让用餐气氛更为愉快，并且餐厅也可当作工作、阅读区来使用，让处在同一屋檐下的家人们忙着处理事情之余，眼神还能够毫无阻碍地交流，进而达到提升彼此感情的目标。

图片提供 / 禾光室内装修设计有限公司

运用折叠桌的机动餐厅区

主要建材：栓木木皮山形纹、文化石、比利时进口超耐磨木地板

相较于许多住家针对餐厨区采用开放式设计，借由去除隔间墙让公共领域更显开阔，设计师在本案中考量屋主需求后，干脆直接选用折叠餐桌，朋友来访时再打开，平常则收起来靠墙放置，这样一来就能节省更多空间，打造自由且不受限的流畅动线。此外，厨房也特别规划吧台，平日只有男女主人在家的时候，料理便可以直接摆上吧台区，不仅减少端菜移动的时间，也让用餐完毕后的清洁整理工作更为便利，同时在一旁文化石墙的衬托下，突显怀旧而优雅的人文美学品味。

图片提供 / 禾光室内装修设计有限公司

餐厨区的回字动线既能保持空间界定的机能，又不会让隔间阻挡了视觉

主要建材：白桦木钢刷实木皮、香槟多层钢刷木皮、Quick Step 宽板木地板

　　设计师移除玄关隔间改为设置双面柜，于是光源得以从两侧漫入餐厨空间，让餐厨区在大多数时间即使不开灯也能保持轻盈明亮的状态。且设计师针对餐厨区规划双面柜、中岛及活动家具，借以创造多种回字形格局互相串联，透过自由的动线让家人活动更方便也能相互关注，进一步凝聚家人感情，同时顺势强化餐厨区的美观与实用机能。

图片提供 / 禾光室内装修设计有限公司

厨房片隐藏在造型墙中，门片局部使用玻璃，掌厨人可清楚看见厨房外家人的动向

主要建材：栓木山纹喷漆特殊色处理、木丝水泥板、钢刷橡木皮本色处理

餐厨区后方的水泥板墙面以不同颜色板块排列而成，展现壁立千仞的气势，更能从朴拙中见证空间层次的细致。实木制成的餐桌椅搭配造型独特的吊灯，替餐厅增添一股细腻动人的美学韵味。中岛设置在厨房热炒区门外，方便备料后直接拿进热炒区进行烹饪。

图片提供 / 禾光室内装修设计有限公司

开放式餐厨区可利用玻璃屏风保有视觉穿透性与区隔空间作用

主要建材：白橡刀痕木皮、黑格丽木皮、比利时进口超耐磨木地板

　　厨房热炒区使用玻璃隔间，除了挡住油烟之外，也易于清洁整理，而玻璃隔间的设置不仅放大了原本的空间感，更让使用者在进行烹饪时也能与其他人保持互动。且设计师还特别减去一道墙，令备餐台沿着餐桌成为公共开放区，于是全家人能够一起备料、制作美食，再一起用餐谈心，共同享受毫无距离的亲密接触。

图片提供／禾光室内装修设计有限公司

透过暧昧的窗外光影造就内敛的家居美感

主要建材：进口超耐磨木地板、硅藻土、强化茶色玻璃

　　餐厅采用开放式设计，善用建筑物本身的格子玻璃砖将阳光引至餐厨区域内。另一方面，厨房以强化茶色玻璃为局部隔间，将厨房望向公共区域的视野打开，让使用厨房的人不再感到孤单，也能够与家人保持一定程度的互动，还可有效避免油烟外溢，确保餐厨区的空气品质无虞。

图片提供／禾光室内装修设计有限公司

一片深色系空间基调当中，运用跳色沙发和餐椅打造画面跳跃感

主要建材：木作、赛丽石、灰玻、沃克板

　　开放式的餐、厨区域占去整个家的 1/4，取代客厅成为社交领域的生活重心，开放式中岛连接餐桌，餐桌又结合书桌功能，让家人能够尽情在此停伫围绕，随意上网、阅读、思考及烹饪，透过家人之间的频繁互动，达到令身心治愈、放松的效果。也因为去除了隔间的阻碍，让房间及客、餐厅三个领域合而为一，真正还给屋主开阔舒适的起居动线。

图片提供／禾光室内装修设计有限公司

墙上以木架做出展示层板，除了陈列物品及照片之外，也丰富了空间细节

主要建材：栓木喷砂实木拼、灰镜、白色烤漆

开放式的餐厅设计让长条形的室内格局不显局促，左侧主墙面漆上浅绿色，让心情得以沉淀并具备放松治愈效果。后方吧台区则强化餐厨区功能，让家人能够在此悠闲品尝轻食或小酌谈心，替生活增添意料之外的趣味性。

图片提供／拓雅室内装修有限公司

玄关入口与餐厨区整合一起
却不显突兀的绝妙点子

主要建材：白榆木喷砂实木拼、灰玻、白色烤漆

　　餐厅与厨房位于玄关旁，考量到餐厅及中岛天花板部分和预计的平面配置较无整体性，因此透过入口造型设计将木皮延伸至天花板，使餐厅空间由立面一路往上延续至天花板，达到视觉延伸的感受，厨房为独立区域，一方面保有独立使用效能，同时以门片阻绝烹饪时的油烟飘散到餐厅，确保空气清新。

图片提供／拓雅室内装修有限公司

在大片玻璃窗引入的明亮光线之下，散发温馨静谧的气质

主要建材：大理石、铁件、木皮、木地板

从使用者角度出发，打造一个极为舒适的餐厨环境，是设计师想借由本案突显的核心思维。一字形的开放式厨房，选用白色系的橱柜与电器柜，再点缀以部分深色木皮，再搭配设备齐全的家电产品，建构出一处兼具时尚简约且实用性强大厨房空间。实木餐桌椅与对面的木纹墙面相呼应，形塑和谐且一致的视觉感受，让设计不仅是冷冰冰的硬件布置，更是能够感动人心的风格呈现。

图片提供／明代室内设计

餐厨区虽然采用开放式规划，但仍具备自成一区的特色

主要建材：实木贴皮、进口超耐磨木地板

由于客厅地坪架高，而餐厨区地坪则保持原貌。厨具、中岛、餐桌一层层由内而外依序排列，令彼此保持关系亲密却能各自独立使用的效能，也带来细节堆砌丰富的空间表情。地坪选用超耐磨木地板，墙面以白色为主，在自然舒适的风格中又跳出一点家庭专属的温馨氛围，进而创造出叫人一见难忘的典雅气质。

图片提供／砌贰设计顾问工作室

蓝色的运用也能这么温暖

主要建材：抛光石英砖、超耐磨木地板、北欧乳胶漆

　　由于屋主喜爱蓝色调，因此除了公共领域之外，餐厨区也大量融入英式风情，将英伦风格中明快的色泽感作为主轴，运用沉稳的摩洛哥蓝搭配纯净海芋白再辅佐木质元素的厨具及丝竹绿壁面，借此加强色彩对比度，再赋予中性的暖木棕元素相糅合，打造清爽明亮的空间调性，让人宛若身处摩登复古的伦敦公寓之中，并且靠窗处也特别设置卧榻，能够惬意在此发呆、阅读，而餐厨区也因此具备了治愈人心的效用。

图片提供 / 晟角制作设计有限公司

做出树屋下的畸零空间就变成了全家共享的用餐区

主要建材：德国超耐磨木地板、铁件、无甲醛乳胶漆

　　因为室内面积并不大，所以设计师针对空间要做最有效的利用，楼上部分规划为小朋友游玩的城堡造型树屋，厨房与餐桌则安置在树屋下方，开放式的格局设计，让父母即使在烹饪食物时，也能随时观察到孩子的动向，关注他们的安全。独立中岛与实木餐桌的联结配置，无形中强化了餐厨区的使用机能，针对小面积住家环境发挥更有效的利用方式，而以浅色系为主的色彩运用，则营造出悠闲放松的用餐氛围，家也由此温暖缤纷了起来。

图片提供 / 晟角制作设计有限公司

规划一字形橱柜动线流畅

主要建材：超耐磨木地板、喷漆、花砖、水泥粉光

　　因应屋主明确表示要有完整的厨房，可以舍弃客厅空间，因此设计师将重心放在餐厨机能上，墙面黑白相间的英式复古瓷砖，橱柜门板选用复古仿旧的美耐板，作为Loft 风的主视觉。保留空间放置冰箱、烤箱、洗碗机、微波炉等电器设备，并摆放屋主要求的大桌子，作为中岛、餐桌、工作桌使用。地坪选用瓷砖与超耐磨木地板的搭配，作为玄关及室内的划分。

图片提供 / 里心室内设计有限公司

厨房墙面打印上屋主与家人的默契密码，属于设计师的玩心创意

主要建材：超耐磨木地板、铁件、水泥粉光、杉木

对于热爱下厨的女主人而言，一处机能完善、动线流畅的厨房，是展现身手的最佳舞台。在空间有限的情况下将流理台与吧台结合，仅以瓷砖及木地板在地坪上做出区隔，零阻隔的设计让女主人能一边做菜一边和小孩互动，维系亲子关系。L 形橱柜兼具安置洗碗机、蒸烤炉、电锅等设备及收纳机能，餐桌旁的白色柜体，从厨房的角度看是摆放冰箱的位置，后方作为白板使用，供女主人画上每日菜单，为家居注入温度和趣味。

图片提供 / 里心室内设计有限公司

设计师灵机一动，将对一家四口有意义的数字拼凑而成的类色票号码，赋予设计上的玩心

五角形内凹天花板装置嵌灯，
为纯白的厨房空间加点层次

主要建材：嵌灯、系统柜、超耐磨地板

　　厨房安排在餐桌旁的独立空间，利用转角处放置冰箱等电器，并将工作动线规划成П字形，水火与厨具皆唾手可得。延续客厅的天花板设计，厨房以五角形天花板整合，创造视觉趣味；搭配整洁利落的纯白色系，打造料理美食的小天地。

图片提供 / Man Lam Interiors Design Ltd.

以黑色餐桌作为空间稳定感的色调选择

主要建材：造型吊灯、清玻、木材

　　餐厅拥有一整面的开阔河景，以清水混凝土的墙面衬托简洁的空间个性。树枝状的立体天花板将窗外的风景援引入室，搭配如结实累累的球状灯饰，为朴素的空间注入活泼气息。

图片提供 / PplusP Designers Ltd.

Special
Thanks 特别感谢

中国台湾

工聚设计
0916-121315

禾光室内装修设计有限公司
02-27455186

共禾筑研设计有限公司
04-23128756

怡品室内装修设计有限公司
02-27049130

拓雅室内装修有限公司
04-22993476

明代室内设计
02-25788730 / 03-4262563

采荷室内设计
02-23115549 / 07-2364529

青水设计
02-86631333

郭璇如室内设计
02-28622227

砌贰设计顾问工作室
03-4631872

晟角制作设计有限公司
02-23023178

庵设计
03-5953655

逸乔室内设计
02-29632595

里心室内设计有限公司
02-23411722

赵玲室内设计有限公司
03-2871567

宽度空间设计
03-5153250

穆刻室内装修设计工程有限公司
02-89702881

简创空间设计
0978-832969
0980-499329

外地

ARRCC
021-468-4400（南非）

Corde Architetti
+39-041-5383317（意大利）

Danny ChengInteriors Ltd.
+852-28773282（中国香港）

Danny ChiuInteriorDesigns Ltd.
+852-23214138（中国香港）

IconInterior Design Ltd.
+852-28878871（中国香港）

KENNETH KO DESIGNS LTD 高文安设计公司
+852-26049494（中国香港）

Karv One Design 峻佳设计公司
+852-28899408（中国香港）
+862-083064806（中国广州）

KNQ Associates
+65-62220966（新加坡）

LISA CORTI S.R.L.
+39-022-0241483（意大利）

Man LamInteriors Design Ltd.
+852-25286889（中国香港）

MillimeterInterior Design Ltd.
+852-28389669（中国香港）

Mon Deco Interior
+852-23110028（中国香港）

Neri&Hu
+8621-60823777 如恩设计研究室（中国上海）
+8621-60823788 如恩制作（中国上海）

PplusP Designers Ltd.
+852-35903340（中国香港）

Robert A.M. Stern Architects,LLP.
212-967-5100（美国）

SamsongWong Design Group Ltd.
+852-21040286（中国香港）

SetmundLeung Design Limited
梁锦标设计有限公司
+852-90131868（中国香港）

图书在版编目（CIP）数据

　　一看就会的客餐厅设计布置／凌速文化 编 . -- 昆明：
云南美术出版社，2019.9
　　ISBN 978-7-5489-3955-9

　　Ⅰ . ①一… Ⅱ . ①凌… Ⅲ . ①客厅－室内装饰设计－
图集②餐厅－室内装饰设计－图集 Ⅳ . ① TU241-64

　　中国版本图书馆 CIP 数据核字（2019）第 199617 号

出 版 人：李　维　刘大伟
责任编辑：师　俊　韩　洁
责任校对：温德辉　赵异宝
策划编辑：李亦榛　陈　可
装帧设计：陈艳晖

一看就会的**客餐厅设计布置**

编　　者：凌速文化
出版发行：云南出版集团
　　　　　云南美术出版社（昆明市环城西路 609 号）
印　　刷：深圳市精彩印联合印务有限公司
版　　次：2019 年 9 月第 1 版
印　　次：2019 年 9 月第 1 次印刷
开　　本：787mm×1092mm　1/16
印　　张：13.5
字　　数：220 千字
书　　号：ISBN 978-7-5489-3955-9
定　　价：89.80 元

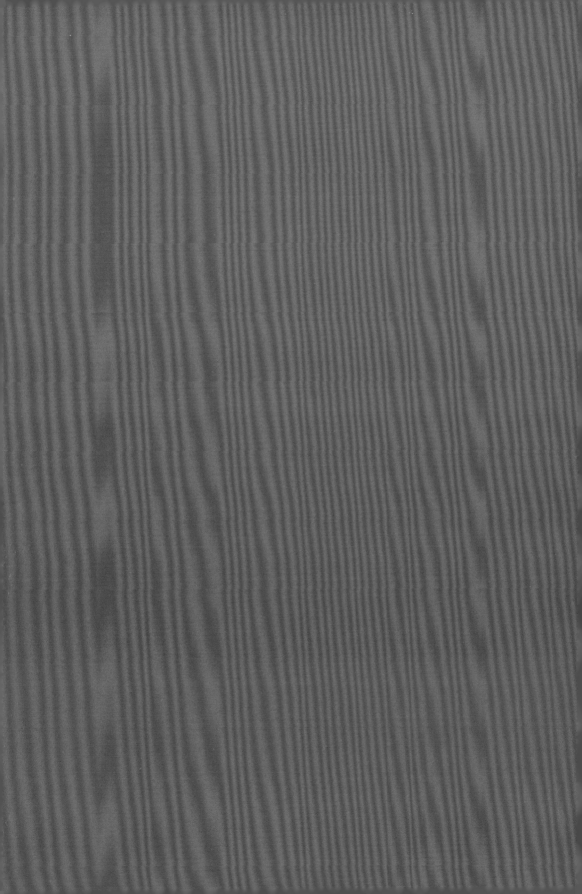